Heidelberger Taschenbücher Band 162

Hans Kummer

Sozialverhalten der Primaten

Übersetzt von
Karin de Sousa Ferreira

Mit 34 Abbildungen

Springer Verlag
Berlin · Heidelberg · New York 1975

Professor Dr. Hans Kummer
Zoologisches Institut
der Universität Zürich
Ethologie und Wildforschung
CH-8050 Zürich
Birchstraße 95

Titel der englischen Originalausgabe: Hans Kummer, Primate Societies,
first published 1971 by Aldine Atherton, Inc., Chicago, © 1971 by Hans Kummer

ISBN-13:978-3-540-07126-6   e-ISBN-13:978-3-642-66078-8
DOI: 10.1007/978-3-642-66078-8

Das Werk ist urheberrechtlich geschützt. Die dadurch begründeten Rechte, insbesondere die der Übersetzung, des Nachdruckes, der Entnahme von Abbildungen, der Funksendung, der Wiedergabe auf photomechanischem oder ähnlichem Wege und der Speicherung in Datenverarbeitungsanlagen bleiben, auch bei nur auszugsweiser Verwertung, vorbehalten.
Bei Vervielfältigungen für gewerbliche Zwecke ist gemäß § 54 UrhG eine Vergütung an den Verlag zu zahlen, deren Höhe mit dem Verlag zu vereinbaren ist.
© by Springer-Verlag Berlin · Heidelberg 1975.
Library of Congress Cataloging in Publication Data. Kummer, Hans, 1930 —. Sozialverhalten der Primaten (Heidelberger Taschenbücher; Bd. 162). Translation of Primate societies. Bibliography: p. Includes index. 1. Primates-Behavior. 2. Social behavior in animals. I. Title. QL737.P9K8515.599?.8?045.75-4874.

Die Wiedergabe von Gebrauchsnamen, Handelsnamen, Warenbezeichnungen usw. in diesem Werk berechtigt auch ohne besondere Kennzeichnung nicht zu der Annahme, daß solche Namen im Sinne der Warenzeichen- und Markenschutz-Gesetzgebung als frei zu betrachten wären und daher von jedermann benutzt werden dürften.

Vorwort

Das soziale Leben unserer nächsten Tierverwandten wird seit 15 Jahren von Anthropologen, Psychologen und Zoologen in gemeinsamer Arbeit erforscht. An dieser Entwicklung war das nichtangelsächsische Europa kaum beteiligt. Von den 110 gegenwärtig laufenden Feldstudien über soziale Organisation und Ökologie freilebender Primaten sind nur 9 kontinentalen Ursprungs. Japan allein verzeichnet dagegen 30 laufende Projekte. In deutscher Sprache stehen dem Nichtfachmann fast nur Übersetzungen populärer englischer Bücher zur Verfügung, so z. B. die hervorragenden und anschaulichen Schilderungen von Jane van Lawick-Goodall über die Schimpansen und von George Schaller über Gorillas.

Auch das vorliegende Buch wurde zuerst auf Einladung eines amerikanischen Verlags in englischer Sprache verfaßt. Ich schrieb es für Studenten der Sozialanthropologie in der Absicht, ihnen einen Überblick über die neuen Ergebnisse und die Aussichten der Primatensoziologie zu vermitteln und ihnen Ansätze zu einer Vergleichsbasis für das Studium menschlicher Gesellschaften zu geben. Das zentrale Thema ist die dem hochzivilisierten Menschen kaum mehr gegenwärtige, dem Biologen hingegen selbstverständliche Tatsache, daß soziale Organisation den ökologischen Bedingungen der Umwelt angepaßt sein muß. Die in verschiedenen Biotopen lebenden und darin verschieden wirtschaftenden Populationen der Art Mensch haben diese Anpassungen durch Varianten ihrer Zivilisation und Kultur geleistet.* Auch Tiere lernen von ihrer Umwelt und pas-

---

* Kultur-Ökologie ist denn auch das Thema der von Walter Goldschmidt herausgegebenen Buchreihe, in der dieser Band ursprünglich erschien. Aus dieser Themastellung erklären sich die Ausführungen über Kultur als Umweltsanpassung am Anfang des einleitenden Kapitels. Unserem Sprachgebrauch wäre der Ausdruck „Zivilisationsökologie" gemäßer.

sen sich so deren Erfordernissen an; einige Arten sind sogar in der Lage, das Erlernte als Tradition weiterzugeben.

Nirgends aber war eine Tierart soweit „zivilisationsschaffend", daß sie wie der Mensch eine ganze Anzahl verschiedener Sozialsysteme und verschiedener ökonomischer Lebensmuster entwickelte. Die Populationen derselben Tierart sind im wesentlichen alle nach demselben Muster organisiert. Dennoch sind die noch lebenden Tiere ihrer Umwelt offensichtlich angepaßt: Sie haben überlebt, ohne ihre Umwelt zu übernutzen oder zu zerstören. Ihre Anpassungen beruhen jedoch vorwiegend auf anderen, nämlich evolutiven Prozessen. Evolution war langfristig gesehen das dominierende Anpassungsverfahren auch des Menschen. Die Ergebnisse sind unter der Oberfläche variabler Kulturen schwer zu erkennen; sie bleiben aber nach wie vor wirksam als Randbedingungen unseres Überlebens und Wohlbefindens, als weitgesteckte aber deshalb nicht inexistente Grenzen der für uns tragbaren Veränderung der Umwelt. Die Sozietäten nichtmenschlicher Primaten zeigen einige sonst kaum verständliche Muster sozialen Verhaltens in ihrer ursprünglichen ökologischen Bedeutung.

In diesem Buch habe ich versucht, die verschiedenen Anpassungsmöglichkeiten der Lebewesen im Zusammenhang darzustellen und die besondere Rolle tradierter, also „kultureller" Anpassung aufzuzeigen. Das erste Kapitel erklärt die Begriffswelt des Biologen, die diesem Versuch zugrundeliegt, und erläutert dabei die so oft mißverstandene falsche Alternative „angeboren — erworben". Im ersten Teil des Buches beschreibe ich sodann die ökologische Bedeutung sozialer Phänomene wie Gruppenbildung, Rang und Territorium und versuche gleichzeitig ein hinreichend anschauliches Bild des Primatenlebens zu vermitteln. Der zweite Teil ist den Möglichkeiten, Schwierigkeiten und Grenzen der Anpassungsleistungen gewidmet, und im Schlußkapitel wird der Primat Mensch den übrigen Primaten in seiner Besonderheit gegenübergestellt.

Das Buch beschränkt sich auf Beobachtungen und Experimente an freilebenden Primaten. Der ursprüngliche Text ist nur an wenigen Stellen korrigiert und mit neuen Ergebnissen ergänzt worden. Seit der ersten, englischen Ausgabe (1971) zeichnen sich in der Primatensoziologie zwar wichtige Tendenzen ab, aber sie haben noch nicht zu Erkenntnissen geführt, die eine Erweiterung dieses Textes rechtfertigen: Zum einen beginnen sich die Verhaltensökologen der Primaten anzunehmen. Sie gehen von der Annahme aus, daß eine Tierart ihrer Umwelt mit optimalen Strategien der Futterbeschaffung und der Risikovermeidung begegnet, und prüfen entsprechende Modelle am tatsächlichen Verhalten. Diese an ökonomischem Denken orientierten Modelle scheinen sich zu bewähren. Bei Primaten sind diese Strategien gegenüber der Umwelt sozial. Nicht Einzelgänger, sondern Familien, Verwandtschaftskreise und Gruppen setzen sich mit der außerartlichen Umwelt auseinander. Erste Hinweise deuten auf ein unerwartetes Raffinement dieser kooperativen „Bewirtschaftung". Zweitens bestätigt sich die an sich triviale Wahrheit, daß uns ein Lebewesen nicht differenzierter erscheinen kann als es die Kategorien sind, mit denen wir es untersucht haben. Langfristige Beobachtungen über Individualität und ihre Funktion im Gruppenganzen, über die Bedeutung der Blutsverwandtschaft oder über die Lebensgeschichte sozialer Beziehungen dürften uns bald zu Begriffssystemen führen, die denen der Ethnologie näher stehen als denen der klassischen Ethologie. Obwohl die uns ähnlichsten Primaten offenbar keine echten Kulturen bilden, ist ihr Leben deutlich von historischen Faktoren mitbestimmt.

Zürich, Dezember 1974 H. Kummer

Inhalt

Kapitel I
„Kultur" und der begriffliche Rahmen der Biologie 1

Kapitel II
Eine Einführung in Primatengesellschaften 10

Kapitel III
Adaptive Funktionen der Primatengesellschaften 34

Kapitel IV
Methoden der Anpassung 90

Kapitel V
Wie flexibel ist das Merkmal? 134

Kapitel VI
Mensch und andere Primaten – ein Vergleich 146

Literaturauswahl 160

Sachverzeichnis 161

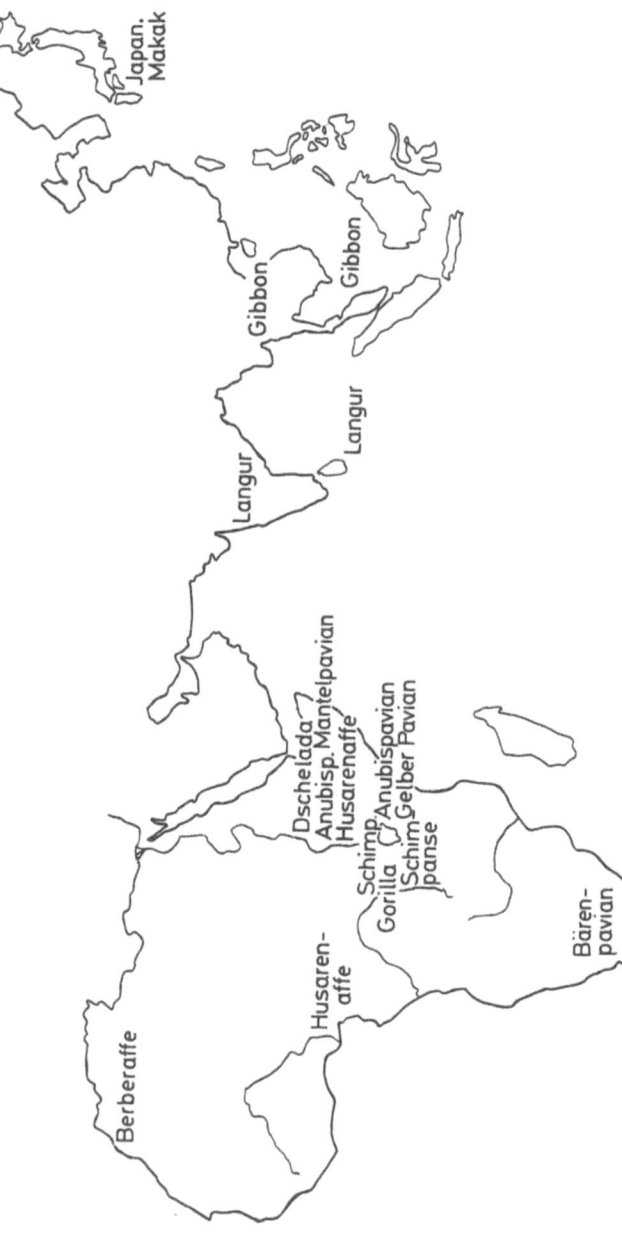

Abb. 1.1. Die in diesem Buch am häufigsten erwähnten Gebiete, in denen Forschungen an Affen-Gattungen durchgeführt wer den

Kapitel I
„Kultur" und der begriffliche Rahmen der Biologie

In diesem Buch wird das anthropologische Konzept der Kultur-Ökologie einer doppelten Belastungsprobe ausgesetzt. Zum einen — und das ist am schlimmsten — ist es hier dem Jünger einer fremden Wissenschaft, einem Zoologen, preisgegeben, der sich ihm mit einer Denkweise nähert, in der praktisch kein Platz ist für den Begriff Kultur in seiner landläufigen Bedeutung. Zum anderen wird das Konzept auf Wesen angewandt, die trotz naher Verwandtschaft zum Menschen gleichwohl Tiere sind. Das ist der Preis, den wir für unsere vergleichende Betrachtungsweise zahlen müssen; was wir dabei gewinnen, wird der Leser selbst zu beurteilen haben.

Die Schwierigkeit, die darin liegt, daß wir uns mit Nicht-Menschen beschäftigen wollen, wird — so hoffe ich — durch das erste und letzte Kapitel dieses Buches ausgeräumt werden können. Dort will ich versuchen, den Leser mit Primatengesellschaften bekanntzumachen, und zwar, soweit mir dies möglich ist, unter dem Blickwinkel des Anthropologen. Die Schwierigkeit des fremden gedanklichen Rahmens ist jedoch nicht so leicht zu überwinden. Das Begriffssystem des Zoologen bildet ebenso einen Teil dieses Textes wie die Fakten, die darin mitgeteilt werden; es muß daher deutlich gemacht werden. Deutlichkeit ist auch noch aus einem anderen Grund zu empfehlen: Wenn Anthropologen in Begriffen der ökologischen Angepaßtheit denken, so benutzen sie einen zoologischen Begriff außerhalb seines ursprünglichen gedanklichen Zusammenhanges. Unsere erste Aufgabe ist es hier also, den Studenten der Anthropologie mit dem Kontext zoologischen Denkens bekanntzumachen, dem der Terminus „Angepaßtheit" entnommen ist.

Die wichtigsten Leitvorstellungen bei Beobachtungen, Experimenten und Diskussionen in der Biologie können in fünf Dimensionen oder Aspekte unterteilt werden. Da ist zuerst die *Struktur*. Die strukturelle oder gleichsam anatomische Betrachtungsweise beschreibt vorübergehende Zustände eines lebenden Systems; sie registriert die Proportionen eines Knochens oder die Zusammensetzung einer Gruppe. Solche Zustände unterliegen jedoch einem ständigen Wandel und zwingen uns dazu, in Prozessen zu denken, wie dem Wachstum eines Knochens oder der Spaltung einer Gruppe. Biologische Prozesse werden herkömmlicherweise von zwei gegensätzlichen Gesichtspunkten aus betrachtet; diese stellen die zweite und dritte der oben genannten Dimensionen dar: Vorgänge, die zu der Situation führen, an der wir interessiert sind, werden als mögliche *Ursachen* dieser Situation untersucht; wohingegen Vorgänge, die sich aus der erwähnten Situation ergeben, als ihre möglichen *Funktionen* betrachtet werden. Mit dem Begriff „Funktion" meinen wir die Wirkung eines Vorganges auf den Erfolg des lebenden Systems, in dem der Prozeß stattfindet. Somit erhöht eine „adaptive Funktion" die Überlebenschance des Tieres oder der Population, in dem oder in der ein Vorgang sich abspielt.

Beim vierten und fünften Aspekt des biologischen Denkens haben wir es mit größeren Zeiträumen zu tun. *Ontogenie* ist der Prozeß, in dessen Verlauf sich eine befruchtete Eizelle, die mit einem (doppelten) Satz von Genen ausgestattet ist, zu einem geschlechtsreifen und schließlich alten Lebewesen entwickelt. Die Untersuchung ontogenetischer Lebenszyklen hat es sich zur Aufgabe gemacht, den ungeheuer komplexen inneren Vorgang der Entwicklung eines Individuums zu entwirren. Sie analysiert außerdem die Einflüsse der sozialen und ökologischen Umwelt auf den Verlauf der Entwicklung. Die lenkende Aktion derartiger äußerer, nicht-genetischer Anreize heißt im biologischen Sprachgebrauch „Modifikation". Schließlich interessieren sich die Biologen noch für die langfristigen Vorgänge, durch welche die genetische Ausstattung verändert wird, von der die Ontogenie ausgeht. Diese Vorgänge werden unter dem Begriff *Evolution* zusammengefaßt.

Dies ist, in ziemlich grober Form allerdings, das Begriffssystem des Biologen, in das er seine Beobachtungen einfügt. Wie alle solchen gedanklichen Rahmen oder Blickwinkel ist das biologische Denken nur innerhalb bestimmter Grenzen sinnvoll, denn es vereinfacht die Erscheinungen, an denen es nicht wesentlich interessiert ist. Das Phänomen „Kultur" z.B. kann leicht als eine „soziale Modifikation" erkannt werden. Doch läßt diese biologische Definition einige der grundlegenden Aspekte der Kultur unberücksichtigt. Ein Biologe steht Begriffen wie „Einstellung" oder „Wertsystem" hilflos gegenüber, nicht etwa, weil er ihre Existenz verneint, sondern einfach, weil er keine wissenschaftlichen Werkzeuge besitzt, mit deren Hilfe er solche Dinge bei einem Tier feststellen könnte. Er kann seine Forschungsobjekte nicht befragen und erhält daher niemals einen Bericht aus der Tiergesellschaft selber. Er kann nur das Verhalten einer solchen Gesellschaft beobachten.

Für einen Biologen gewinnt der Begriff „Kultur" daher am Ende die Bedeutung eines bestimmten Verhaltensmusters, das durch seinen *Ursprung* gekennzeichnet ist. Ein Individuum entwickelt ein bestimmtes Verhalten zum Teil aufgrund der genetischen Ausstattung, die seine Entwicklung lenkt, und zum anderen Teil aufgrund der Information, welche die Umwelt seinem Entwicklungsprozeß vermittelt. Wenn ein Verhalten völlig durch Gene programmiert wäre, so könnte man es „angeboren" nennen; wäre es ausschließlich ein Produkt umweltbedingter Anreize, die das Tier während seiner Ontogenie erfährt, so könnte es als „erworbenes" Verhalten bezeichnet werden. In der Wirklichkeit kommen diese Extreme nicht vor. Zwar kommen die Schwimmbewegungen eines Fisches und das Können eines Übersetzers den Extremformen ziemlich nahe, doch wird der Fisch niemals schwimmen, wenn er nicht die geeigneten Bedingungen für seine Entwicklung vorfindet, und die Fähigkeiten eines Übersetzers sind abhängig von einer genetischen Basis, die unter allen Lebewesen nur der Mensch besitzt. Jede beobachtete Eigenart wird also geformt von der bereits in der Eizelle enthaltenen Information sowie von der Information, die der ontogenetischen Umwelt entnommen wird; dennoch besteht ein objektiver Unterschied zwischen diesen beiden Informationsquellen. Wenn zwei Fische verschiedener Genotypen unter denselben Umweltbedingungen aufwachsen und verschiedene Schwimmbewegungen entwickeln, so kann man mit Sicherheit sagen, daß der *Unterschied* durch verschiedene Genotypen und nicht durch die Umwelt bedingt ist. Wenn andererseits eineiige Zwillinge in verschiedenen Ländern aufwachsen und daher unterschiedliche Sprachen lernen, so muß dafür die Umwelt verantwortlich sein. Wichtig ist, daß nur der Unterschied zwischen Eigenschaften, nicht die Eigenschaft als solche, als „angeboren" oder „erworben" bezeichnet werden kann.

Über diese verwirrende Feststellung, die die Lösung des heutzutage überholten Streites um Anlage oder Milieu bildet, werden wir noch etwas nachdenken müssen. Das Argument lautet, daß es keiner Eigenschaft möglich ist, sich völlig isoliert entweder von Umwelteinflüssen oder von Genwirkungen, und seien sie noch so indirekt, zu entwickeln. Wenn jemand französisch spricht, so tut er das nicht nur deshalb, weil er unter Franzosen aufgewachsen ist, sondern auch, weil er eine genetische Grundlage für Sprache ererbt hat. Die Eigenschaft ist weder „erworben" noch „angeboren", sondern beides. Doch wenn jemand französisch *statt italienisch* spricht, so kann das von der Umwelt allein verursacht sein; der Unterschied ist dann ausschließlich erworben. Oder, analog dazu: um auf einer Trommel einen Ton zu erzeugen, braucht man sowohl eine Trommel als auch einen Trommler. Niemand würde versuchen, zwischen den von dem Trommler und den von der Trommel erzeugten Tönen zu unterscheiden. Aber wir können sehr wohl darüber diskutieren, ob der unterschiedliche Klang zweier Musikaufnahmen auf einen anderen Trommler oder ein anderes Instrument zurückzuführen ist.

Von dieser Einsicht aus können wir jetzt eine Unterscheidung machen, die ich für eine der wesentlichen Aufgaben dieses Buches wie auch der Forschung auf diesem Gebiet halte: wir müssen die Haupttypen der biologischen Adaption und ihre Beziehungen zueinander verstehen.

Die erste Form der biologischen Anpassung ist die sogenannte *phylogenetische Adaption*; diese entsteht durch eine stammesgeschichtliche Änderung des Genotyps, nicht des ontogenetischen Prozesses. Sie liegt vor, wenn zwei Populationen von Tieren oder Menschen verschiedene Verhaltensanpassungen aufweisen, weil ihre Eizellen mit verschiedenen Genen ausgestattet sind. Diese zwei Populationen werden gewöhnlich unterschiedliche Verhaltensformen zeigen, selbst wenn sie in der gleichen Umwelt aufwachsen. Ganz offensichtlich fand der Vorgang der Anpassung statt, bevor die Eizellen der jetzigen Generation entstanden, nämlich durch eine evolutive Auswahl von günstigen Genotypen. Phylogenetische Adaption ist ein langsamer Vorgang. Sie kann lediglich ein generelles Verhaltensprogramm anbieten, das den allgemeinen Eigenschaften des Biotops angepaßt ist, in dem die Populationen entstanden sind.

Die Eizelle beginnt ihre Entwicklung mit diesem allgemeinen Angebot vorhandener Programme, und an dieser Stelle greift die zweite Art der Adaption ein. Sie wird als *adaptive Modifikation* bezeichnet und liegt vor, wenn zwei Populationen mit denselben Genotypen in Anpassung an die speziellen Umwelten, in denen sie aufwachsen, verschiedene Verhaltensmuster herausbilden. Die Tatsache, daß ein Affe ein Haarkleid besitzt, ist eine phylogenetische Adaption; daß er aber dickes und langes Haar hat, wenn er einem kalten Klima ausgesetzt ist, ist eine adaptive Modifikation. In ähnlicher Weise kann ein Pavian phylogenetisch dafür programmiert sein, sich nachts einen Schlafplatz über dem Erdboden zu suchen; wenn er aber regelmäßig eine bestimmte Baumgruppe oder Felswand auswählt, so ist dies eine Modifikation, die auf lokale Bedingungen und die Traditionen seiner Gruppe zurückzuführen ist.

Die adaptiven Modifikationen lassen sich entsprechend der Herkunft der modifizierenden Einflüsse unterteilen. Stammen sie aus der physischen Umwelt, wie dem Gelände oder dem Klima, oder bestehen sie im Einfluß anderer Arten desselben Biotops, so können sie als *ökologische* Modifikationen bezeichnet werden. Das Verhalten eines Individuums kann aber auch durch seine Mutter oder durch die Gruppe, in der es aufwächst, verändert werden. Wenn sich eine solche *soziale* Modifikation ausbreitet und dazu führt, daß eine Verhaltensvariante über Generationen weitergegeben wird, so haben wir „Kultur" in dem weitesten Sinn, in dem der Zoologe den Terminus anwenden kann. Er läßt sich folgendermaßen definieren: Kulturen sind auf sozialer Modifikation beruhende Verhaltensvarianten, deren Träger ihrerseits das Verhalten anderer in gleicher Weise beeinflussen werden. Wenn wir diese Definition akzeptieren, dann kann sich das Verhalten von zwei Gruppen mit demselben Genbestand und demselben Biotop nur in der „Kultur" unterscheiden. Dabei sagt diese Definition nichts aus über den genauen Mechanismus der sozialen Modifikation (denn dieser ist in den meisten Fällen unbekannt) oder über die Verhaltensbereiche, die als kulturell betrachtet werden sollten (denn Tiere scheinen keine sinnvollen Kriterien für eine solche Unterscheidung anzubieten).

Der Begriff der Kultur verliert offenbar sehr viel, wenn er den Dimensionen der Biologie angepaßt wird. Was wir bei diesem Verfahren aber gewinnen, ist der Kontext der Evolution, aus dem die

Kultur als eine mögliche Art der Anpassung hervorging, ein Kontext, aus dem sie nicht herausgelöst werden kann, und der deswegen analysiert werden muß. Anpassung mittels Kultur ist nur eine der Anpassungsarten. Die Bühne für eine solche Anpassung wurde durch phylogenetische Adaptionen vorbereitet, die kulturelle Entwicklungen mitbestimmen. Beim Menschen scheint diese Bühne so weiträumig zu sein, daß ihre Existenz und ihre Grenzen leicht vergessen werden. Bei nicht-menschlichen Primaten bietet die phylogenetische Programmierung viel weniger Möglichkeiten der sozialen Modifikation und damit der rapiden Veränderung an. Die Aufmerksamkeit des Forschers konzentriert sich daher mehr auf ihre festen phylogenetischen Dispositionen und auf die Schwierigkeit, sie von Modifikationen zu unterscheiden.

Es ist keineswegs leicht, zwischen kulturellen und nicht-kulturellen Verhaltenskomponenten zu unterscheiden, und für die Mehrzahl der Verhaltensanpassungen bei Primaten ist nicht einmal der Versuch gemacht worden, eine solche Unterscheidung vorzunehmen. Im ersten Teil dieses Buches muß ich eine derartige Unterscheidung daher völlig vernachlässigen und die ökologischen Funktionen des sozialen Verhaltens von Primaten in bewußtem Verzicht auf die Frage beschreiben, ob solche Anpassungen kulturelle oder ökologische Modifikationen oder aber phylogenetische Anpassungen sind. Im zweiten Teil werde ich mich jedoch diesen Unterscheidungen und dem Anpassungsprozeß zuwenden. Wenn man den Typ einer Anpassung kennt, so hat man nicht bloß einen akademischen Einblick in ihren Ursprung gewonnen. Die Geschwindigkeiten, mit denen die verschiedenen Anpassungsarten vor sich gehen können, sind so ungeheuer verschieden, daß die Kenntnis der Herkunft auch die Aussichten künftiger Flexibilität abschätzen läßt.

Nachdem ich die Begriffswelt dargestellt habe, von der aus ich das Thema angehen muß, ist eine Bemerkung über das hier gebotene Material am Platze. Obwohl Primatengesellschaften nunmehr seit ungefähr zehn Jahren unter dem Aspekt ihrer Anpassungsfähigkeit diskutiert worden sind, ist das Faktenwissen über solche Korrelationen immer noch spärlich. Die vorhandenen Daten sind in der Mehrheit noch nicht einmal quantifiziert, geschweige denn experimentell gesichert. Viele der Spekulationen, die vor einigen Jahren veröffentlicht wurden, sind durch neuere Erkenntnisse stark erschüttert worden. Als Fred Kurt und ich im Jahre 1960 am Mantelpavian das erste Beispiel von Einmann-Gruppen bei niederen Altweltaffen fanden, wurde diese soziale Struktur als Anpassung an den extrem harten Halbwüsten-Biotop dieser Paviane gedeutet. In den zehn Jahren, die seitdem vergangen sind, wurden immer mehr Primatenarten gefunden, die in Gruppen mit einem Männchen leben – und die meisten von ihnen sind Waldaffen, die den anscheinend reichsten Biotop bewohnen, welchen das Festland bieten kann. In einer kürzlich veröffentlichten Arbeit über die Zusammenhänge zwischen sozialen Strukturen und Biotopen aller erforschten Altweltaffen Afrikas findet der Primatologe Struhsaker nur wenige Anhaltspunkte für einfache Korrelationen zwischen sozialen Strukturen und groben Biotopklassen.

Die solide Forschungsarbeit steht noch am Anfang, und wir werden uns daher auf eine unschöne Menge von Spekulationen einlassen müssen. In den folgenden Kapiteln werde ich Eigenschaften von Primatengesellschaften beschreiben und Überlegungen über ihre adaptive Funktion wiedergeben. Die Resultate dieser Überlegungen sollten jedoch bestenfalls als Hypothesen betrachtet werden.

Einer der Gründe für solche Vorsicht ist der Begriff der Angepaßtheit selbst. Wenn man sagt, eine Eigenschaft sei adaptiv, so ist dies als solches eine vage Feststellung: einige wenige Beispiele werden genügen, um die möglichen Verwicklungen zu zeigen. In bestimmten menschlichen Populationen in Afrika ist das rezessive Gen für Sichelzellenanämie erstaunlich hoch. Bis zu 45% der Individuen sind heterozygot für dieses Allel, das bei homozygoten Individuen eine letale Anämie erzeugt. Es läßt sich nachweisen, daß heterozygote Träger gegen Malaria resistenter sind als genetisch gesunde Individuen. Der Erfolg der heterozygoten Kombination erklärt wohl die enorme Häufigkeit des letalen Faktors in den untersuchten Populationen. Wir können Angepaßtheit definieren als die Wirkungen einer Eigenschaft, die unter einer bestimmten Gruppierung von Bedingungen die Anzahl der Nachkommen des Trägers dieser Eigenschaft erhöhen. (Man beachte den technisch akulturellen Inhalt dieser biologischen Definition.) Wenn diese Schlußfolgerung korrekt ist, so ist die Sichelzellenanämie in diesen Populationen eine adaptive Eigenschaft, obwohl sie tödlich sein kann.

Männliche Mantelpaviane besitzen eine Hemmung, die sie daran hindert, sich die Weibchen anderer Männchen anzueignen. Eine schlecht entwickelte Hemmung müßte es einem von der Norm abweichenden Männchen möglich machen, die Weibchen rangtieferer Gruppenmitglieder zu übernehmen; er würde also mehr Nachkommen produzieren als seine Rivalen, die den vollen Hemmechanismus besitzen. Ein niedriges Hemmungsniveau scheint also für seinen Träger „adaptiv" zu sein; in seinem Einfluß auf die soziale Stabilität der Gruppe ist es aber wahrscheinlich nachteilig, und zwar auch für die Nachkommenzahl des Trägers.

Einige Huftiere kauen mit stereotypen Bewegungsmustern der Kiefer. Bei Kamelen wechselt der Unterkiefer von einer Bewegung nach rechts zu einer Bewegung nach links, während Ducker eine Zeitlang auf der einen Seite kauen und dann eine ähnliche Anzahl von Bewegungen auf der anderen Seite vollführen. Die Angepaßtheit dieser Bewegungsfolgen liegt nicht in ihrem besonderen Muster, sondern in ihrer Starrheit als solcher; sie verhindert Kaugewohnheiten, durch welche die Zähne nur auf einer Seite abgenutzt würden. Die adaptive Funktion muß also auf der richtigen Ebene gesucht werden.

In einer Primatengruppe kann es vorkommen, daß ein männliches Tier mehr als andere dazu neigt, sich Raubtieren zu nähern und sie zu vertreiben. Solange nur ein oder zwei männliche Individuen der Gruppe diese Neigung aufweisen, kann die Eigenschaft als adaptive Verteidigung der Gruppe – genauer: der Blutsverwandten des Verteidigers – bewertet werden, doch wendet sich dieselbe Eigenschaft leicht ins Negative, wenn zu viele männliche Individuen der Gruppe sich der Gefahr aussetzen, getötet zu werden.

Schimpansen können malen. Es ist schwer, sich den Wert solcher Kunst für das Überleben vorzustellen; möglicherweise ist die Leistung das Erzeugnis eines Verhaltens-Subsystems, das zu einem größeren, adaptiven System gehört.

Um eine endgültige Feststellung über die Angepaßtheit einer Eigenschaft treffen zu können, müßten uns Daten über ihre positiven und negativen Auswirkungen auf vielen Ebenen der organismischen und sozialen Organisation sowie unter einer großen Vielfalt von Umweltbedingungen zur Verfügung stehen. Dieses Bändchen kann solche Daten nicht liefern. Jede einzelne der hier gemachten Bemerkungen über Anpassung erfordert im Prinzip eine experimentelle Überprüfung. Da wir aber nicht im Ernst hoffen können, an Primaten solche Experimente in angemessenem Umfang durchzuführen, werde ich in Kapitel 5 korrelative Methoden skizzieren, mit deren Hilfe wir unsere bisher gewonnenen Kenntnisse verbessern können.

Zusammenfassung:

1. Die Hauptdimensionen biologischen Denkens sind Struktur, Ursache, Funktion, Ontogenie und Evolution.

2. Phylogenetische Anpassung ist eine adaptive Veränderung des Genbestandes durch Mutation und Selektion; adaptive Modifikation ist die adaptive Formung des ontogenetischen Prozesses durch die Umwelt des Individuums.

3. Innerhalb des begrenzten begrifflichen Rahmens der Biologie kann der Begriff „Kultur" lediglich als eine durch die soziale Umwelt verursachte Verhaltensmodifikation definiert werden.

4. Eine gegebene Eigenschaft kann in einem bestimmten funktionellen Zusammenhang oder auf einer bestimmten Ebene adaptiv, unter anderen Bedingungen jedoch unangepaßt sein.

Kapitel II
Eine Einführung in Primatengesellschaften

Eine Mantelpavian-Gesellschaft

Um dem Leser einen Eindruck von dem Sozialverhalten der Primaten zu vermitteln, werde ich eine mir bekannte Gesellschaft beschreiben, und zwar nicht in der Theorie, sondern so, wie sie sich an einem gewöhnlichen Tag darstellt.

Es handelt sich um eine Herde von Mantelpavianen (*Papio hamadryas*), die das trockene, mit dornigen Akazienbäumen und Büschen durchsetzte Grasland in einer offenen Hügellandschaft am südlichen Rand der Danakilwüste in Äthiopien (Abb. 2.1) bewohnt. Der Morgen dämmert. Ungefähr hundert Paviane sind über die schmalen Vorsprünge einer weißen Felswand verstreut, die sich senkrecht über dem sandigen Bett eines gegenwärtig trockenen Flusses erhebt (Abb. 2.2). Die meisten Paviane schlafen noch; das Gesicht dem Felsen zugewandt, sitzen sie ruhig da und halten sich mit den Händen an Unebenheiten und Sprüngen im Gestein fest. Sie haben die ganze Nacht in dieser wenig komfortablen Lage zugebracht; allerdings wachten sie häufig auf, wechselten ihre Stellung oder antworteten auf eine ferne Störung in der Dunkelheit mit einem Chor von Brummlauten. Sie sind Tagtiere und schützen sich gegen nächtliche Angriffe von Raubtieren, indem sie sich auf diesen Felsen zurückziehen. Dennoch kann es vorkommen, daß ein Leopard ein oder zwei Herdenmitglieder tötet, die zu nahe am Fuß des Felsens sitzen.

Während der Tag heraufdämmert, erwachen hier und da einige der Paviane, kratzen oder schütteln sich, um dann den Kopf wieder sinken zu lassen und noch ein wenig zu dösen (Abb. 2.3). Bei Sonnenaufgang erheben sich die Tiere allmählich auf alle Viere. Kleine Gruppen von Pavianen, noch steif von der Kälte der Nacht, klettern langsam die Felsbänke entlang auf einen senkrechten Felsspalt zu,

Abb. 2.1. Ein trockenes Hamadryas-Biotop in Ost-Äthiopien mit Dornbuschvegetation und Schlaffelsen

Abb. 2.2. Schlaffelsen einer Hamadryas-Herde, ungefähr 20 m hoch. Die schwarzen Kotflecke bezeichnen die bevorzugten Felsbänke

Eine Mantelpavian-Gesellschaft

Abb. 2.3. Ein Hamadryasmännchen und seine Weibchen auf ihrem gewohnten Schlafgesimse. Das Männchen bedroht eine benachbarte Familiengruppe

der sie oben auf den Felsen und zum Sonnenlicht führt. Meistens besteht eine solche Gruppe aus einem graubemantelten erwachsenen Pavianmännchen, einer Anzahl viel kleinerer braunbehaarter Weibchen und einigen wenigen Jungtieren. Dies sind die kleinsten sozialen Einheiten einer Herde, die Einmann-Gruppen oder Familien; sie umfassen gewöhnlich ungefähr fünf Tiere.

Auf dem steinigen Abhang über dem Felsen lassen sich die Paviane in der Sonne nieder, als ob sie sich wärmen wollten. An kalten und bedeckten Morgen drängen sie sich in kleinen Haufen zusammen, gewöhnlich in Familiengruppen. Bei manchen Familien sitzen je ein oder zwei subadulte Männchen. Das sind die „Mitläufer", halberwachsene Männchen, die sich einer bestimmten Einmann-Gruppe angeschlossen haben. Sie wahren einen bestimmten Abstand, da der erwachsene Mann der Gruppe es normalerweise nicht duldet, daß die Mitläufer seine Weibchen berühren.

Während der nächsten ein bis zwei Stunden halten die Paviane auf dem sonnigen Abhang ihre soziale Morgensitzung ab. Die Weibchen beginnen, den Mantel ihrer Männchen zu pflegen, wobei diese ihre Haltung gemächlich dem Treiben der Weibchen anpassen. Ein brünstiges Weibchen bietet dem Männchen sein Hinterteil dar, und das Männchen kann darauf das Weibchen besteigen und begatten. Andere Weibchen sitzen einige Meter entfernt, reinigen ihre Kinder oder lausen sich gegenseitig. Solche Hautpflege kommt auch zwischen Weibchen und Mitläufern vor, doch werden solche Beziehungen oft durch einen Blick des Gruppenführers gestoppt. Der Mitläufer entwischt dann, und das Weibchen kann zum Pascha hinlaufen und ihm beschwichtigend das Hinterteil präsentieren, selbst wenn es zu der Zeit nicht sexuell empfänglich ist. Das „Lausen" des Mitläufers ist das Äußerste, was das Männchen der Gruppe seinen Weibchen erlaubt. Sie dürfen sich nicht mit dem Mitläufer begatten, doch gelingt es ihnen gelegentlich dennoch hinter einem Felsen, der sie vor den Blicken des Männchens verbirgt. Wird das Paar von dem Männchen dabei überrascht, so greift das Männchen das Weibchen an und beißt es in den Nacken, während es den Mitläufer entkommen läßt.

Neben den sich lausenden Familiengruppen lassen sich andere Arten sozialer Einheiten feststellen. Ein alter Mann sitzt mit einem fast erwachsenen Männchen zusammen oder laust sich mit ihm. Andere erwachsene Pavianmänner haben sich allein niedergelassen. Ungefähr 20 Prozent der erwachsenen Männchen in der Herde sind Einzelgänger, die keine eigenen Weibchen haben. Sie nähern sich niemals einem weiblichen Tier oder befassen sich mit einem Weibchen, sondern treffen sich höchstens für einige Minuten mit ihresgleichen. Dennoch sind sie, wie die Führer der Einmanngruppen, Mitglieder der Herde.

Ältere Paviankinder und Halbwüchsige, großteils Männchen, haben inzwischen verschiedene Spielgruppen gebildet, während die meisten jungen weiblichen Tiere gleichen Alters bei ihren Müttern geblieben sind und an den Hautpflegesitzungen der erwachsenen Weibchen teilnehmen. Andere junge weibliche Tiere können sich keiner Spielgruppe anschließen, denn sie sind bereits Mitglieder einer neu entstehenden Familiengruppe. Diese Initialgruppen (s. Abb. 2.4) bestehen aus einem knapp erwachsenen Männchen und einem einzigen juvenilen Weibchen von 1 bis 2 Jahren. Das Männchen hat das Weibchen aus der Gruppe seiner Mutter entführt und zwingt es nun, ihm zu folgen, indem er es anstarrt oder jagt, sobald es sich mehr als ein paar Schritte von ihm entfernt. Obwohl das Weibchen noch lange nicht geschlechtsreif ist, bewacht er es und hindert es am Kontakt mit anderen Herdenmitgliedern. Dieser Konditionierungsprozeß kann mehrere Tage dauern, in denen das junge Weibchen immer wieder zu fliehen versucht und immer wieder von dem Männchen erjagt wird. Solche Szenen kommen in reifen Einmanngruppen nicht vor, denn die erwachsene Pavianfrau hat schon vor langer Zeit gelernt, daß jeder Umgang mit einem Herdenmitglied, das nicht zu ihrer Gruppe gehört, oder jeder Versuch, die Gruppe zu verlassen, das Männchen zu Drohungen veranlaßt. Daher folgt sie dem Männchen ihrer Gruppe, wenn es den Schlafplatz verläßt, als ob sie es freiwillig täte (Abb. 2.5).

In der rastenden Herde scheinen die verschiedenen Familiengruppen bisher wenig Notiz voneinander genommen zu haben, mit Ausnahme der Jungtiere, die sich in der ganzen Herde frei bewegen. Ein Weibchen hat vielleicht in einer Nachbargruppe ein neugeborenes Affenkind besichtigt, um sich dann hastig wieder in ihre eigene Gruppe zurückzuziehen. Von Zeit zu Zeit haben sich zwei erwachsene Männer ohne erkennbaren Grund über die Felsen hin- und hergejagt, ohne sich körperlich zu berühren oder zu verletzen. In der Tat

Abb. 2.4. Das juvenile Weibchen einer Initialgruppe pflegt das Haar seines Männchens in der Morgensonne

Abb. 2.5. Ein erwachsenes Männchen schreitet seinen beiden Weibchen voran. Es blickt häufig zurück und versichert sich, daß sie ihm folgen

vermeiden es die erwachsenen Mitglieder einer Gruppe, mit den Erwachsenen anderer Einmanngruppen in Berührung zu kommen, obwohl sie sich gegenseitig voll im Blickfeld haben und der Abstand zwischen ihnen nur wenige Meter beträgt.

Gegen acht oder neun Uhr morgens werden die gelegentlichen Bewegungen von Gruppen auf dem Abhang häufiger. Hier und da kratzt sich ein erwachsenes Männchen, steht auf und bewegt sich auf den Rand der Herde zu, um sich dort hinzusetzen. Die Weibchen seiner Gruppe folgen ihm. Wenn man diese Bewegungen sorgfältig aufzeichnet, so wird deutlich, daß die männlichen Tiere sich gegenseitig sehr viel aufmerksamer beobachten, als oberflächliche Betrachtung vermuten läßt. Die Verschiebungen benachbarter Männchen sind in hohem Maße voneinander abhängig. Wenn ein alter Pavianmann sich verschiebt, so drehen sich die in seiner Nähe sitzenden Männchen nach wenigen Minuten auf ihren Hinterbacken herum und sehen in die Richtung, in die der Alte gegangen ist, oder sie gehen ein Stück weit in derselben Richtung. Ein junges Männchen mag eine ähnliche Verschiebung vollführen, ohne daß seine Nachbarn in dieser Weise reagieren, und oft wird es kurz darauf zu seinem früheren Platz zurückkehren.

Während dieses Vorganges scheinen die Männer so ruhig wie zuvor, aber ihr häufiges Kratzen verrät den Konflikt, in den sie durch die vielfachen Verschiebungen geraten. Dieses Geschehen ist in der Tat ein wichtiger Entscheidungsprozeß über die Richtung des täglichen Streifzuges zur Nahrungssuche, auf den die Herde sich nunmehr vorbereitet. Diese Entscheidung ist fast ausschließlich eine Angelegenheit der erwachsenen Männer. Die Gruppenführer, die sich niemals gegenseitig das Fell pflegen, beginnen nun vor oder nach bestimmten Platzwechseln offen miteinander Kontakt aufzunehmen. Häufig steht solch ein Familienoberhaupt auf, geht zu seinem Nachbarn hinüber, präsentiert ihm mit einer schnellen Drehung sein glänzend rotes Sitzpolster und zieht sich dann hastig wieder zurück, als ob er seinem Nachbarn zu nahe gekommen sei — was angesichts des Abstandes, den die Gruppenoberhäupter gewöhnlich voneinander halten, wirklich der Fall war. Diese seltsame Zurschaustellung dürfte in diesem Zusammenhang die Funktion haben, den Nachbarn über den unmittelbar bevorstehenden Aufbruch zu unterrichten. Es scheint ein Signal zu sein, das bedeutet: „Paß auf, ich gehe jetzt — für den Fall, daß du nachkommen willst."

Infolge der immer häufiger werdenden Verschiebungen verändert die Herde ihre Form wie eine Amöbe. Noch hat niemand den Schlaffelsen verlassen, aber hier und da stößt der Rand der Herde wie ein Pseudopodium vor, um so zu verharren oder wieder zurückzugehen. Nach ungefähr einer halben Stunde erheben sich schließlich rasch nacheinander mehrere Pavianmänner in der Mitte der Herde und gehen auf eins der Pseudopodien zu. Ihr zügiges Vorwärtsgehen unterscheidet sich deutlich von den bisherigen, zögernden Bewegungen an der Peripherie. Zahlreiche Tiere beginnen sich parallel dazu in Marsch zu setzen, und unversehens ist die Herde in Bewegung. Man darf annehmen, daß die Pseudopodien Richtungsvorschläge von am Rande der Herde sitzenden Männchen darstellten, und daß ein einflußreiches Tier in der Nähe des Herdenzentrums schließlich eine Entscheidung traf. An einem anderen Morgen wird wahrscheinlich ein anderes männliches Tier den Aufbruch auslösen. Die Herde, die jetzt rasch und in dichter Kolonne den Felsen verläßt, wird offensichtlich nicht von einem besonderen Leittier geführt. Die Paviane an der Spitze wechseln sich ständig ab, und es sieht so aus, als ob jeder die Richtung des Marsches kennte. Die Spielgruppen der Jugendlichen lösen sich nun auf, und die Spieler schließen sich wieder ihren Muttergruppen an. Junge Säuglinge werden am Bauch der Mutter hängend getragen, ältere Kinder reiten auf dem Rücken der Mutter.

Die Herde setzt ihren raschen Vormarsch ungefähr eine halbe Stunde lang fort; sie hält einen steten Kurs, von dem sie im wesentlichen nur abweicht, um offene Hügelkämme und Flußbetten zu benutzen (Abb. 2.6). Danach verlangsamt sich das Tempo und die Marschordnung beginnt sich aufzulösen; die Paviane machen sich an die Futtersuche. In den Stunden bis zum Mittag hat sich die Herde in verschiedene große Unterherden aufgeteilt, die sich außer Sichtweite voneinander entfernt haben. Diese Unterherden, die sogenannten Banden, haben eine konstante Mitgliedschaft; zwar sind sie auf dem Schlaffelsen nicht als getrennte Einheiten in Erscheinung getreten, aber jetzt neigen sie dazu, sich abzusondern. Während der Nahrungssuche ziehen sich selbst die Banden so weit auseinander, daß die Einmann-Gruppen als räumlich getrennte Einheiten erkennbar werden (Abb. 2.7). Eine Einmann-Gruppe frißt in der Regel auf demselben Akazienbaum.

Mantelpaviane sind überwiegend Pflanzenfresser. In der südlichen Danakil-Ebene sind die Blüten, jungen Blätter und Früchte der zahlreichen Akazienarten ihre wichtigste Nahrungsquelle. Sie pflücken diese mit einer Hand und stecken sie Stück für Stück rasch in das Maul. Zu Beginn der Regenzeit ernähren sie sich in ähnlicher Weise von jungen Grasblättern, und später im Jahr streifen sie Grasähren ab, indem sie die Stengel mit einer Hand seitwärts durch die geschlossenen Zähne ziehen.

In der Trockenzeit müssen sie mit kärglicherer Nahrung vorlieb nehmen, wie dem bitteren unteren Teil der wilden Sisalblätter, den lederartigen Blättern des Doberabaumes oder Wurzeln. Große Nahrungsbrocken gibt es in der Danakil-Ebene praktisch nicht, die winzigen Bissen werden stets auf der Stelle verzehrt und bieten kaum Anreiz für Konkurrenz. Insekten werden mit einer Hand gefangen. Einmal wurden zwei unserer Paviane dabei beobachtet, wie sie ein Dik-Dik, das einer von ihnen getötet hatte und das nun bereits aufgebrochen war, herumschleppten und sich darum stritten. In der Regel verspeist jedoch jeder Pavian seine Nahrung für sich an Ort und Stelle und teilt sie weder, noch konkurriert er um Nahrungsstücke. Ein Jungtier mag gelegentlich zu seiner Mutter hinlaufen, sie beim Essen beobachten und dann ihr Maul beriechen. So lernen junge Paviane, welche Nahrung ihre Mütter auswählen.

Nach einer langen trockenen Wegstrecke, die die Paviane in einzelnen, verstreuten Familiengruppen, hier und da Nahrung aufnehmend, hinter sich gebracht haben, versammelt sich eine Bande der Herde in einem dichten, am Rand eines Flußbetts gelegenen Akazienwäldchen. Sie verbringen ungefähr eine Stunde in den Bäumen, speisen und ruhen sich aus. Plötzlich tauchen mehrere ausgewachsene Pavianmänner aus dem Unterholz auf; sie beobachten alle einen großen alten Pascha ihrer Bande, der mit seinen Weibchen weiterzieht, dem trockenen Flußlauf folgend. Ein Großteil der Bande beginnt ihm zu folgen, und viele überholen ihn sogar. Bald wandert er am Ende der Kolonne, die in der von ihm angegebenen Richtung weiterzieht. Nach einem Marsch von drei Kilometern erreicht die Bande eine Felsstufe im trockenen Flußbett. Am Fuß dieses Felsens liegt ein offener Wassertümpel (Abb. 2.8). Eine andere Bande der

Abb. 2.6. Eine Herde nach dem Aufbruch von ihrem Schlaffelsen. Während dieser anfänglichen raschen Fortbewegung sind die Einmann-Gruppen nicht zu erkennen

Abb. 2.7. Eine Einmann-Gruppe bei der Rast am Vormittag, nachdem sie sich von der Herde getrennt hat

Eine Mantelpavian-Gesellschaft

Herde ruht bereits im Schatten eines schmalen Galeriewäldchens. Die Neuankömmlinge lassen sich ebenfalls nieder.

Es ist ein Uhr mittags. Der erste Teil des Tagesmarsches war erfolgreich. Zwar hat die Herde bereits mehr als sieben Kilometer zurückgelegt, das meiste davon unter heißer Sonne, aber sie ist auf ein ausreichende Nahrung bietendes Akazienwäldchen gestoßen und sie hat Wasser gefunden. Höchst wahrscheinlich hat die Erinnerung an diese und andere wichtige Stellen in dem Streifgebiet der Herde den Entscheidungsprozeß der erwachsenen Männer vor dem Aufbruch bestimmt.

Die Paviane ruhen sich eine halbe Stunde aus, dann gehen sie zum Wasser hinunter, um zu trinken, immer nur einige wenige auf einmal. Ein paar Paviane graben am Rande des Tümpels flache Löcher in den Sand; sie warten eine Weile und trinken dann das klare, gefilterte Wasser, das sich darin sammelt, anstelle der grünlichen Flüssigkeit des Tümpels. Unter den Bäumen bilden sich wieder Spielgruppen, die Erwachsenen pflegen sich das Fell.

Um zwei Uhr brechen die Banden auf, zumeist ohne daß ein weiterer Entscheidungsprozeß erfolgt. Sie wandern weiter, suchen dabei Nahrung und langen am späten Nachmittag wieder an ihrem Schlaffelsen an. Während die erste Bande sich in einer langgezogenen Kolonne dem Felsen nähert, blickt ein ausgewachsenes Männchen am Kopf der Kolonne plötzlich zurück, stellt sich auf die Hinterbeine und inspiziert aufgeregt die ankommenden Tiere. Eines seiner Weibchen fehlt. Er entdeckt es bei den letzten der ankommenden Tiere, stürmt an der Kolonne vorbei zurück und beißt es heftig in den Rücken (Abb. 2.9). Das Weibchen schreit und uriniert, folgt ihm aber in dichtem Abstand, wie er wieder nach vorn hastet, wo seine anderen Weibchen warten. Die Banden verteilen sich über den Schlaffelsen und lassen sich zu einer weiteren sozialen Sitzung nieder. Bei Einbruch der Dunkelheit suchen die Familiengruppen ihre gewohnten Felsvorsprünge in dem Schlaffelsen auf.

Eine der Banden, die am Morgen mit den anderen zusammen aufgebrochen war, fehlt jetzt. Sie hat das Wasserloch in einer anderen Richtung verlassen und nähert sich der nächstgelegenen Felswand, dem Roten Felsen, einige Kilometer vom Weißen Felsen entfernt, auf dem sie die letzte Nacht verbracht hat. Wie die Bande den letzten Hügel erklimmt und der Rote Felsen in Sicht kommt, wird sie

Abb. 2.8. Wasserloch in einem Flußbett zu Beginn der Trockenzeit

Abb. 2.9. Ein Männchen greift eines seiner Weibchen an, weil es sich von ihm getrennt hat, um allein aus dem Fluß zu trinken

von dorther mit einem weithin schallenden, tiefen Bellen empfangen. Ungefähr sechzig Paviane sitzen bereits auf dem grasbewachsenen Abhang unterhalb des Roten Felsens. Die Neuhinzukommenden setzen sich sofort nieder, den Blick zum Felsen hinüber gerichtet, antworten aber nicht auf das Bellen. Nach einer Weile unbehaglichen Wartens beginnen einige Männer unserer Bande sich zögernd dem Felsen und seinen Bewohnern zu nähern. Nach einiger Zeit folgt die Bande langsam nach und ersteigt den Felsen auf der den Ansässigen abgewandten Seite. Beide Partien werden für diese Nacht eine Herde bilden.

Nicht alle Banden eines Gebietes können miteinander Herden bilden. Hätten die Erstankömmlinge auf dem Roten Felsen und unsere Bande auf weniger vertrautem Fuß gestanden, so hätte sich letztere wahrscheinlich zurückgezogen und dem Weißen Felsen zugewandt. Die Herde ist eine instabile Schlafgemeinschaft verschiedener Banden, die genügend vertraut miteinander sind, um sich in denselben Felsen zu teilen.

Das Widerstreben der Mantelpaviane, sich unvertrauten Banden zu nähern, hat seinen guten Grund. Als einmal eine Bande vom Roten Felsen den Versuch machte, die Nacht auf dem Weißen Felsen zu verbringen, gerieten zwei Männchen in Streit. Im Gegensatz zu den üblichen Kämpfen innerhalb einer gut integrierten Herde artete dieser Kampf sofort in eine heftige und ausgedehnte Verfolgungsjagd aus, an der sich viele Männchen sowohl der dort wohnenden wie auch der eingedrungenen Banden beteiligten. Bezeichnenderweise kämpften die Männchen nicht um den Schlafplatz, sondern um Weibchen.

In der Regel wird bei den Mantelpavianen innerhalb der Bande und innerhalb einer gut integrierten Herde der Besitz von Weibchen respektiert. Das gewöhnlich friedliche Zusammenleben im Rahmen der Herde ist das Resultat einer Hemmung der Männchen, die Weibchen der anderen Männer zu berühren, wie später noch zu zeigen sein wird. Dieser Hemmechanismus ist offensichtlich für die sorgfältige räumliche Verteilung und den Mangel an Umgang unter den Gruppenführern verantwortlich. Andererseits gibt es offensichtlich keine wirksame Hemmung gegen Übergriffe auf die Weibchen einer anderen Herde; dennoch sind Konflikte zwischen Herden äußerst selten, da diese Abstand voneinander wahren.

Allgemeine Merkmale nicht-menschlicher Primatengesellschaften

Der konkrete Hintergrund der Hamadryas-Gesellschaft wird es uns erlauben, einen Eindruck von den allgemeinen Merkmalen des Soziallebens der Primaten zu gewinnen, die zu dem Verhalten menschlicher Sozialverbände am auffallendsten im Gegensatz stehen.

Kommunikation

Die Primaten scheinen sich, da sie keine symbolische Sprache besitzen, nur über das Hier und Jetzt zu verständigen. Allerdings hat Menzel vor kurzem eine Reihe von Versuchen durchgeführt, wobei er zwei Schimpansen jeweils eine bestimmte Menge Nahrung zeigte. Er bewies nun, daß die beiden in der Lage sind, sich effektiv darüber zu verständigen, wer von ihnen die größere Menge gesehen hat. Primaten *informieren* mit Lauten, Gesten und Gesichtsausdrücken den „Gesprächspartner" über das, was man als die „Stimmung" des „Sprechenden" bezeichnen könnte, d.h. über das, was er wahrscheinlich als nächstes tun wird. Ein Drohblick kündigt an, daß er in den nächsten Sekunden wahrscheinlich angreifen wird, aber er sagt nichts darüber aus, was er in einer Stunde oder in einem Tag tun wird — ausgenommen die Tatsache, daß er unter gleichen Umständen wahrscheinlich wieder drohen wird. Dasselbe gilt für die Kommunikation über den Raum. Ein Affe kann deutlich machen, daß er Zugang zu einem Pilzbestand, den er und sein Partner im Moment sehen können, beansprucht; er hat aber keine uns bekannte Möglichkeit, etwas über den Standort desselben Pilzbestandes mitzuteilen, wenn dieser sich hinter dem nächsten Hügelkamm befindet, es sei denn, er führt seinen Partner dorthin. Hamadryas-Männchen können, wenn sie sich auf den Aufbruch vorbereiten, die Richtung signalisieren, in die sie gehen wollen; aber wahrscheinlich sind sie nicht in der Lage, eine genaue Aussage darüber zu machen, welche besondere Nahrungsquelle sie anlockt. Nur auf das Hier und Jetzt beschränkt, können die Primaten, wenn sie sich trennen, keine Zeit und keinen Ort für ein späteres erneutes Zusammentreffen verabreden.

Außer der Fähigkeit, seinen eigenen Absichten Ausdruck zu verleihen, hat ein Affe oder Menschenaffe noch die Möglichkeit, die

Absichten und Stimmungen seiner Artgenossen zu *beeinflussen*. Eine Pavianmutter fordert ihr Junges auf, auf ihren Rücken zu springen, indem sie ihr Hinterteil herunterbeugt, und ein Schimpansenmann kann ein verängstigtes Weibchen beruhigen, indem er ihre ausgestreckte Hand leicht mit der seinen klopft. Wie bei den Menschen muß die Bedeutung eines Signals häufig aus dem Zusammenhang heraus interpretiert werden. Eine Drohgebärde als solche besagt lediglich: „Hör auf damit oder ich greife an!" Doch dieses „damit" kann bedeuten, daß der andere dem Drohenden zu nahe oder zu fern ist, oder daß er ein drittes Tier laust. Wenn der Zusammenhang mehr als eine Interpretation zuläßt, so wird der andere Primat aus Wiederholungen lernen, was genau er nicht tun soll.

Sozialstruktur

Die überwiegende Mehrheit der bisher untersuchten Primaten lebt in mehr oder weniger geschlossenen Gruppen, die an ein bestimmtes Wohngebiet gebunden sind und sich gegenseitig meiden. Diese Gruppen zählen zwischen zwei und siebenhundert Mitglieder, aber in der Regel liegt ihre Größe bei zehn bis achtzig Tieren. Bei den meisten Arten sind soziale Beziehungen zwischen Mitgliedern verschiedener Gruppen sehr selten; vor allem Weibchen kommen kaum jemals mit einem Fremden in Berührung. Im Gegensatz dazu sind dem Umgang innerhalb der Gruppen normalerweise keine Grenzen gesetzt, und räumlich voneinander getrennte, geschlossene Untergruppen sind ungewöhnlich (Mantelpaviane machen hier eine Ausnahme). Das heißt also, daß die typische Primatenpopulation auf einer Hauptebene — der Gruppe — organisiert ist, während Über- und Untergruppen weniger deutlich differenziert sind. Die einzige überall vorhandene Untergruppe besteht aus einer Mutter, ihrem Säugling und nicht selten ihren älteren Jungen.

Jede Gruppe lebt in einem „Wohngebiet", dessen zentrale Teile kaum jemals von benachbarten Gruppen betreten werden. Jahreszeitlich bedingte Wanderungen finden nur in geringem Ausmaß statt und beschränken sich auf das Wohngebiet der Gruppe. Die Gruppe meidet nicht nur fremde Nachbarn, sie zögert auch, ihr wenig bekannte Gegenden außerhalb ihres eigenen Gebiets zu betreten. Sowohl die soziale als auch die räumliche Mobilität sind also beschränkt. Immerhin verlassen gelegentlich einige ausgewachsene Männchen ihre Gruppe und leben tage- und monatelang allein oder mit einer anderen Gruppe zusammen. In einer urwaldbewohnenden Population von Anubis-Pavianen in Uganda ist dies eine so regelmäßige Erscheinung, daß die Gruppen sich nur anhand ihrer stabilen weiblichen Mitgliederschaft definieren lassen. Der Grad, in dem eine Gruppe geschlossen ist, kann also von Art zu Art und von einer Population zur anderen beträchtlich variieren.

Bei einigen im Urwald lebenden Primatenarten ist die Beziehung zwischen Gruppen als sogenanntes Territorialverhalten spezialisiert. Statt sich gegenseitig zu meiden, kommen die Gruppen aktiv an einem Punkt in der Nähe ihrer gemeinsamen Grenze zusammen und zeigen eine Reihe von im wesentlichen feindlichen Verhaltensweisen. Die in Südamerika lebenden Brüllaffen brüllen sich bei solchen Gelegenheiten nur gegenseitig an; die erwachsenen Männchen der asiatischen Gibbons rufen und jagen sich gegenseitig; die grauen Languren in Ceylon liefern sich richtige Kämpfe. Die Gruppen der territorialen Arten leben gewöhnlich in relativ kleinen Wohngebieten, sogenannten Territorien. Da Tiere nahe dem Zentrum ihres Gebietes in der Regel aggressiver sind, an seiner Grenze dagegen eher zur Flucht neigen, mag der Unterschied zwischen Territorialverhalten (Aggressivität) und Nicht-Territorialverhalten (gegenseitiges Meiden) häufig auf einer bloßen Modifikation beruhen, bei der die Art der Zwischengruppenbeziehung von der Größe des Wohngebietes bestimmt wird. Bei anderen Arten, z.B. den Gibbons, ist territoriales Verhalten hoch spezialisiert und wahrscheinlich eine fest etablierte phylogenetische Anpassung.

Die einzige wichtige Ausnahme von der relativ geschlossen organisierten, ortsgebundenen Gruppe findet sich beim Schimpansen. Bis jetzt ist es noch unsicher, ob Schimpansen überhaupt irgendwelche stabilen Gruppen bilden, aber die Forscher sind sich darin einig, daß Größe und Zusammensetzung von Schimpansentrupps sich ständig ändern. Begegnen solche Trupps einander, so weichen sie sich weder gegenseitig aus noch zeigen sie ein aggressives Verhalten, sondern sie begrüßen sich freundlich. Die Schimpansen (und möglicherweise auch die anderen großen Menschenaffen) scheinen ein wesentlich weiter reichendes Netz von Bindungen und Beziehungen zu kennen als die anderen Affen, was Reynolds (1966) als „Gemeinschaftssinn" etikettierte. Den Schimpansen fehlt, was ich bei den Pavianen als einen der auffälligsten Aspekte ihrer sozialen Organisation ansehe: die drastische Unterscheidung zwischen Gruppenangehörigen und Fremden. Von zwei Artgenossen, die fast dieselben auslösenden Verhaltensweisen zeigen, wird der eine mit freundschaftlichem Lippen-Schmatzen akzeptiert, während der andere wütend davongejagt wird. Es ist so, als ob der Pavian in seinem Verhalten zu seinen Artgenossen zwischen zwei völlig verschiedenen Klassen von Lebewesen unterschiede, während im Gegensatz dazu der Schimpanse nur eine Klasse kennt. Weitere Forschung wird in der Zukunft zeigen müssen, ob dieses Bild völlig richtig ist.

Was ihre Zusammensetzung betrifft, so fallen Primatengruppen unter drei Hauptkategorien. Am weitesten verbreitet scheint die Gruppe mit vielen Männchen zu sein, in der zahlreiche männliche und weibliche Tiere ohne stabile heterosexuelle Bindungen zusammenleben. Dieser Typ kommt bei allen Makaken, vielen Langurenarten und Pavianen sowie der Mehrzahl der südamerikanischen Affen vor.

Die zweite Kategorie ist die Einmann-Gruppe, die aus einem einzigen ausgewachsenen Männchen und mehreren Weibchen besteht. Dies ist der Gruppentyp von drei im offenen Gelände lebenden Affenarten, der in der Savanne lebenden Husarenaffen, der Mantelpaviane und der Dschelada-Paviane der Grashochflächen Äthiopiens. Bei den letzteren beiden Arten leben zahlreiche Haremsgruppen in einer großen Herde zusammen. Das Haremssystem wurde ferner bei einigen Languren wie auch bei den im Urwald lebenden Meerkatzen festgestellt.

Die dritte Kategorie ist nur von den kleinen Menschenaffen (Gibbon und Siamang) sowie von den winzigen südamerikanischen Springäffchen her bekannt. Bei diesen Arten besteht die Gruppe aus einem einzigen Erwachsenenpaar. „Monogamie" ist bei den Primaten also eine Ausnahme. Alle Gruppentypen schließen selbstverständlich Jungtiere und Säuglinge ein. Bei verschiedenen Arten finden sich außerdem männliche Einzelgänger und nur aus erwachsenen männlichen Tieren bestehende eingeschlechtige Gruppen, die abseits von den heterosexuellen Gruppen leben.

Obwohl ein Primat mit allen Mitgliedern seiner Gruppe Umgang pflegen kann, zeigt er in der Regel eine ausgeprägte Vorliebe für einige von ihnen, während er mit anderen kaum jemals Beziehungen hat. Eine solche Untergruppenbildung ergibt sich zum Teil aus nicht erklärbarer individueller Zuneigung und zum Teil aus verwandtschaftlichen oder altersgruppenbedingten Präferenzen.

Nicht-menschliche Primaten kennen nach heutigem Wissen nur die Verwandtschaft mütterlicherseits. Bei drei Arten, die unter diesem Aspekt untersucht wurden, und vermutlich ebenso bei zahlreichen anderen Arten bestimmt die aus einer Mutter und ihren Kindern bestehende Untergruppe die späteren sozialen Beziehungen der Kinder. Die Schimpansen bewahren bis ins Erwachsenenalter eine enge Bindung zur Mutter und zu den Geschwistern. Die soziale Rangstellung eines heranwachsenden Rhesusaffen unter seinen Altersgenossen entspricht dem Rang seiner Mutter und ist von diesem abhängig. Ein gerade erst ausgewachsenes Rhesusmännchen wird seine Gruppe wahrscheinlich nicht so leicht verlassen, wenn seine Mutter noch in ihr lebt. Neue Ernährungsgewohnheiten, die bei Gruppen japanischer Makaken eingeführt wurden, verbreiteten sich am schnellsten unter jungen Tieren, von Mutter zu Kind oder von Kind zu Mutter.

Altersgruppen sind bei den Primaten am deutlichsten unter den Männchen ausgeprägt, wie sich an den Spielgruppen sehen läßt, in denen sich männliche Tiere desselben Alters zusammentun. Die Altersklasse der subadulten Männchen ist bei manchen Arten sozial etwas isoliert. Subadulte Mantelpavian-Männer verbringen beispielsweise nur ungefähr ein Fünftel ihrer Rastzeit mit sozialen Interaktionen, während Jungtiere und Erwachsene ungefähr die Hälfte dieser Zeit sozial aktiv sind. Bei vielen Arten leben die subadulten Männchen am Rande der Gruppe und verlassen diese gelegentlich sogar.

Da ins Einzelne gehende Gruppengeschichten bisher noch weitgehend fehlen, weiß man nur sehr wenig über die „Paarungssysteme" der Primaten. Forschungsarbeiten, die bei Rhesusaffen über die Hemmung von Mutter-Sohn-Begattungen durchgeführt wurden, lassen darauf schließen, daß bei den nicht-menschlichen Primaten Parallelen zu den Inzesttabus menschlicher Sozietäten bestehen. Rhesus-Männchen kopulieren selten mit ihren Müttern, denn der Sohn behält seiner Mutter gegenüber eine untergeordnete, kindähnliche Stellung; außerdem besteht eine weitere, rangunabhängige Hemmung, welche die Männchen zurückhält, selbst wenn sie ihren Müttern gegenüber dominant sind. Beide Faktoren müssen zusammenwirken, um Mutter-Sohn-Begattungen zu unterdrücken. Bei den Mantelpavianen werden Begattungen zwischen Vater und Tochter offensichtlich dadurch reduziert, daß die Töchter von jungen erwachsenen Männchen entführt werden, bevor sie für den Vater sexuell von Interesse sind.

Wie bei vielen anderen Wirbeltieren umfaßt der Unterschied im Verhalten der Geschlechter mehr als das Sexualverhalten. Primatenmänner sind in der Regel aggressiver als Weibchen; durch ihre überlegene Körpergröße dominieren sie die Mehrzahl der Weibchen der Gruppe. Nur männliche Tiere verlassen die Gruppe, leben allein oder besuchen andere Gruppen. Bei den Mantelpavianen zeigen sich ähnliche Geschlechterunterschiede bereits im Kindesalter: männliche Jungtiere entfernen sich häufiger von der Mutter als weibliche. Bei vielen Arten zeigen junge männliche Affen eine stärkere Neigung als weibliche, sich mit Artgenossen desselben Geschlechts zusammenzutun. Eine Untersuchung japanischer Rotgesichts-Makaken läßt einen weiteren, subtileren Unterschied erkennen: Junge wie auch erwachsene weibliche Tiere reagieren, wenn sie auf ihrem Pfad unvermutet mit einem fremden Objekt konfrontiert werden, mit deutlichem Überraschungs- und Ausweichverhalten. Im Gegensatz dazu drehen erwachsene Männchen schon weit vor dem Objekt in einem kaum merklichen Winkel vom Wege ab und vermeiden jede auffällige Reaktion.

Es muß kaum betont werden, daß die Primaten der offenen Landstriche, zumindest wenn man sie mit dem Menschen vergleicht, kaum ein Privatleben kennen. Die Mitglieder einer Gruppe können zwar dem Blick eines bestimmten Partners ausweichen, im übrigen aber werden sie ständig von den sie umgebenden Gruppengenossen beeinflußt. In einer solchen Gesellschaft kommt der Möglichkeit, gerade nicht passende soziale Handlungen zu unterdrücken, eine entscheidende Bedeutung zu. Andererseits sieht sich ein Primat selten mit fremden Artgenossen konfrontiert. Er lebt in einer Gesellschaft, deren Mitglieder ihm vertraut sind, und in der er die wahrscheinlichen Reaktionen der anderen in den meisten Situationen antizipieren kann. Viele Säugetierarten verändern ihre sozialen Strukturen im jahreszeitlichen Rhythmus der Fortpflanzung. Individualisierte Kleingruppen wechseln zum Teil mit anonymen Schwärmen ab. Primaten behalten das ganze Jahr hindurch dieselbe soziale Organisation mit denselben Mitgliedern bei. So kann die ununterbrochene, individualisierte Gruppe zu einem stets greifbaren Überlebensinstrument werden.

Eine solche Beständigkeit hat jedoch ihren Preis. In der Primatengruppe finden alle gesellschaftlichen Prozesse ständig und gleichzeitig statt. Es gibt keine Jahreszeiten, die für Rivalenkämpfe unter den Männchen, für die Begattung, die Aufzucht der Jungen oder für die Wanderung reserviert wären und in denen jeder dieser Prozesse von der ihm günstigen Gruppenstruktur und besonderen Motivationszuständen unterstützt wird. Eine Primatengruppe muß alle diese Aktivitäten und ihre Wechselwirkungen mit einer einzigen Sozialstruktur bewältigen. Während der einzelne Affe sich in raschem Wechsel den verschiedenen Zusammenhängen zuwendet, paßt er sich unaufhörlich den ebenso anpassungsfähigen Handlungen der ihn umgebenden Gruppenmitglieder an. Eine solche Gesellschaft verlangt von ihren Mitgliedern zwei Eigenschaften: eine hochentwickelte Fähigkeit, den eigenen Motivationen freien Lauf zu lassen oder sie zu unterdrücken, je nachdem, was die Situation erlaubt oder verbietet, und zum andern die Fähigkeit, komplexe soziale Situationen richtig einzuschätzen, d.h. nicht auf isolierte soziale Stimuli sondern auf ein soziales Feld zu reagieren. Eine Privatsphäre für einzelne Tiere oder Untergruppen würde diese beiden Anforderungen mildern. Da sie fehlt, sind die Primaten in hohem Maße von diesen Fähigkeiten abhängig.

Ökologische Techniken

Das Sozialverhalten der Primaten erinnert uns häufig an parallele Verhaltensweisen beim Menschen; wer jedoch die Techniken der Nahrungsversorgung bei den Primaten beobachtet, wird nicht wagen, diese selbst mit der einfachsten Wirtschaft der Menschen zu vergleichen. Tatsächlich scheinen die niederen Primaten in dieser Beziehung weniger „menschlich" zu sein als zahlreiche Nagetiere und Raubtiere.

Die Mehrheit der Primaten gestaltet ihre Umgebung nicht in adaptiver Weise. Die Schlafnester der großen Menschenaffen sind armselige Konstruktionen ohne Dach, die nur für eine einzige Nacht gebaut werden. Niedere Affen benutzen ihre Schlafstätten genauso wie sie sie finden, ohne irgendwelche künstlichen Veränderungen vorzunehmen. Keine der höheren Primatenarten ist dafür bekannt, daß sie Nahrung sammelt oder speichert. Diese Arten haben auch keine feste Wohnstätte, in der ein krankes oder verwundetes Mitglied der Gruppe für einige Tage Zuflucht nehmen könnte. Die Oberflächlichkeit dessen, was in der Tat das am weitesten entwickelte Vorratsverhalten der Primaten ist, hat offensichtlich schon Plinius beeindruckt, denn er schrieb: „Die ‚Sphinx' (wahrscheinlich der Dschelada) und der ‚Satyr' stopfen Nahrungsbrocken in ihre Backentaschen, von wo sie sie dann wieder herausnehmen und Stück für Stück verzehren; und so tun sie für einen Tag oder eine Stunde das Gleiche, was die Ameise für das ganze Jahr tut." Nur Schimpansen tragen Nahrungsstücke bis zu einem Kilometer weit mit sich herum. Dieses von der Hand in den Mund Leben der Primaten zwingt jeden einzelnen von ihnen, jeden Tag von neuem Futter und Wasser zu suchen. Wenn die natürlichen Quellen ausfallen, hungern sie. Bei ihren seltenen Jagdzügen zeigen die Paviane keinerlei Zeichen einer Kooperation; sie streiten sich bloß um die Beute. Man muß sich schon mit den Schimpansen befassen, wenn man eine gemeinsame Aktion beim Einfangen der Beute und Teilen des Fleisches entdecken will*. Ein Trupp erwachsener Schimpansenmänner wurde von Jane van Lawick-Goodall dabei beobachtet, wie er einen Roten Colobusaffen jagte. Dabei postierte sich je ein Schimpansenmann am Fuß eines jeden Baumes, der mit seiner Krone den Baum des Colobus berührte, während ein anderer Schimpanse den Baum erkletterte und den Colobus fing.

Ökologisch gesehen sind die Primaten anscheinend die unspezialisierten Säugetiere geblieben, zu denen ihre Anatomie sie stempelt. Diese merkwürdige Tatsache läßt sich vielleicht folgendermaßen erklären: den Primaten fehlen die präzisen genetischen Programme für

---

* Inzwischen hat Shirley Strum eine Paviangruppe beobachtet, die innerhalb weniger Jahre Ansätze zu kooperativer Jagd und die Fähigkeit des Beuteteilens neu entwickelt hat.

die komplexen Verhaltensfolgen, die bei den sozialen Insekten so bemerkenswert sind und in geringerem Ausmaß auch bei Nagetieren vorkommen. Bei einem Tier mit dem Hirn eines niederen Affen führt das Fehlen dieser Programme lediglich zu einem Fehlen komplexer Verhaltensfolgen. Um von der Flexibilität zu profitieren, die durch den Mangel an detaillierter genetischer Instruktion möglich ist, ist ein Gehirn erforderlich, das eine Technik *erfinden* kann. Solch ein Gehirn hat der Mensch, und die Anwendung von Werkzeug durch die Schimpansen (z.B. die Verwendung von Blättern als Toilettenpapier) läßt auf eine deutliche, wenn auch begrenzte Fähigkeit der technischen Erfindung schließen. Niedere Affen dagegen zeigen keine fortgeschrittenen technischen Fertigkeiten. Ihre Entwicklungsposition in dieser Beziehung ist das technologische Niemandsland zwischen dem genetisch programmierten Verhalten eines Eichhörnchens, das Nüsse am Fuße eines Baumes vergräbt, und der flexiblen Einsicht eines Mannes, der Äpfel bei der richtigen Temperatur lagert.

So scheinen die Primaten im Umgang mit der Umwelt nur über ein außergewöhnliches Überlebensinstrument zu verfügen: eine Gesellschaftsform, die dank dem ständigen Zusammensein von Jungen und Alten, einer langen Lebensdauer und eines großen Gehirns Alttiere mit großer tradierbarer Erfahrung hervorbringt. Man kann erwarten, einige spezifische Anpassungen der Primaten darin zu finden, wie sie als Gruppen handeln.

Zusammenfassung:

1. Eine Hamadryas-Herde unterteilt sich in Banden, und Banden setzen sich aus Einmann-Gruppen zusammen. Der tägliche Aktivitäts-Ablauf zeigt diese drei Ebenen der sozialen Ordnung in ihrer jeweiligen Funktion. Die Einheiten gleicher Ebene unterscheiden sich im Grad ihrer gegenseitigen Toleranz, und wichtige Komponenten des Sozialverhaltens regeln das Gleichgewicht zwischen Exklusivität und Kompatibilität der Einheiten.

2. Primaten können sich fast nur über das Hier und Jetzt verständigen. Die genaue Bedeutung eines Signals muß häufig aus dem Zusammenhang und aus früheren Erfahrungen in ähnlichen Situationen hergeleitet werden.

Zusammenfassung

3. Die Mehrheit der Primatenarten ist in relativ stabilen Gruppen organisiert, die an ein bestimmtes Wohngebiet gebunden sind. Unbekanntes Gebiet wird gemieden, Nachbargruppen weicht man aus oder behandelt sie aggressiv. Es gibt drei Grundstrukturen der sozialen Organisation: Gruppen mit vielen Männchen, Einmann-Gruppen und monogame Paare. Männliche Tiere zeigen eine größere Mobilität als weibliche. Das Fehlen einer Privatsphäre sowie einer jahreszeitlichen Differenzierung des Sociallebens verlangt von dem Individuum eine hochgradige Integration seines Verhaltens.

4. Nicht-soziale ökologische Techniken sind bei Primaten schwach entwickelt. Ihre Spezialisierung muß darin gesucht werden, wie sie als Gruppen handeln.

Kapitel III
Adaptive Funktionen der Primatengesellschaften

Der Begriff der „Gruppe" in der Primatologie

Wenn wir die Primatengruppe definieren, so müssen wir uns damit abfinden, daß unsere Kriterien begrenzt sind und jeder anthropologische Begriff sich daher verändert, sobald er auf Tiere angewandt wird. Alle subjektiven Phänomene des Gruppenlebens — wie „Identifikation" oder „Identität der Ziele" — gelten nicht für das Studium von Tiergruppen, denn die Mitglieder dieser Gruppen besitzen keine Symbole, mit denen sie diesen subjektiven Phänomenen Ausdruck verleihen könnten. Die Definitionen von Tiergruppen beschränken sich auf die sogenannten objektiven Kriterien, denn dies sind die einzigen, die zur Verfügung stehen. Einzig und allein der Erforscher menschlicher Gesellschaften ist in der beneidenswerten Lage, beide Arten von Merkmalen — d.h. das, was die Menschen tun, und das, was sie fühlen — anwenden und vergleichen zu können.

In der Primatenethologie gibt es zwei anerkannte Parameter für die Beschreibung der Gruppierungstendenzen einer Population: zum einen die räumliche Verteilung ihrer Individuen und zum anderen die Häufigkeiten und Arten gezielter kommunikativer Akte unter ihnen. Die Verwendung der Parameter läßt sich anhand der Einmann-Gruppen in einer Mantelpavian-Herde illustrieren. Wiederholte Schätzungen zeigen, daß der mittlere Abstand zwischen einem Weibchen und seinem Männchen in der rastenden Gruppe ungefähr 60 cm beträgt, während die durchschnittliche Entfernung zwischen zwei beliebigen Angehörigen der Herde bei rund 10 m liegt. Die Mitglieder einer Einmann-Gruppe folgen einander offensichtlich in dichtem Abstand und bleiben dadurch inmitten von hundert oder noch mehr Herdenmitgliedern eng beisammen. Allerdings lassen sich auf der Photographie einer Herde die Einmann-Gruppen selten als räumlich getrennte Einheiten erkennen, da in der Regel kein freier Raum zwischen ihnen bleibt. Bei Anwendung des Kommunikationsparameters jedoch tritt die Einmann-Gruppe selbst ihren nächsten räumlichen Nachbarn gegenüber als getrennte Einheit in Erscheinung. Die erwachsenen Tiere einer rastenden Einmann-Gruppe pflegen in rund 50 von 100 Beobachtungsminuten soziale Interaktionen mit anderen erwachsenen Tieren. Von diesen 50 Minuten entfallen nur drei auf Kontakte mit Herdenmitgliedern, die nicht der eigenen Gruppe angehören, während die restlichen 47 Minuten auf Beziehungen *innerhalb* der Gruppe verwandt werden (Abb. 3.1). Eine Primatengruppe kann somit definiert werden als *eine Anzahl von Tieren, die in oder getrennt von einer größeren Einheit zusammenbleiben und hauptsächlich untereinander Beziehungen unterhalten.* Interessant ist in der Regel auch eine Untersuchung der Stabilität der Gruppe in der Zeit, d.h. der Beständigkeit der beiden Parameter.

Diese Definition erlaubt es uns lediglich, Primatengruppen zu identifizieren und zu beschreiben. Auf die Beschreibung muß die

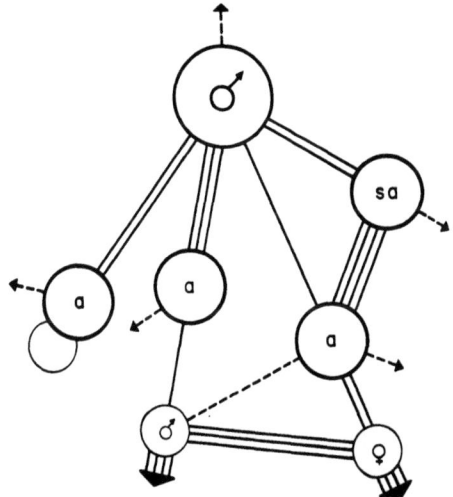

Abb. 3.1. Soziogramm einer Einmann-Gruppe von Mantelpavianen. Die Zahl der Verbindungslinien zwischen den Individuen gibt die Häufigkeit sozialer Kontakte zwischen ihnen wieder. Die gestrichelten Linien bedeuten, daß das Männchen (♂) und seine erwachsenen (a) und subadulten (sa) Weibchen in weniger als 3% der Beobachtungsminuten Kontakte mit Herdenmitgliedern hatten, die nicht der Gruppe angehören. Im Gegensatz dazu richteten die beiden juvenile Tiere (unten in der Abbildung) 40% ihrer Beziehungen auf andere Gruppen

Erforschung von Ursache und Funktion folgen. Diese letzteren zwei Aspekte hält der Biologe sorgfältig auseinander. Dieses Kapitel beschäftigt sich ausschließlich mit der *Funktion* von Gruppen: es fragt danach, welche Bedeutung das Gruppenleben für die Art hat, und erörtert nicht, warum und wie es entsteht.

Größe der Gruppe und der Einheiten des Umweltangebots

Zu den wenigen gut quantifizierten Tatsachen über das Sozialleben der Primaten gehört die Größe ihrer Gruppen. Wir können also zunächst die Frage stellen, wie die Anzahl von Individuen in der Gruppe ihren Erfolg im Alltag beeinflußt. Zum Überleben ist es erforderlich, das Umweltangebot bestmöglich auszunutzen und Gefahren zu vermeiden. Für einen niederen Affen oder einen Menschenaffen bedeutet dies einmal Trinken und Fressen und zum anderen die Flucht vor Raubtieren sowie die Benutzung sicherer Schlafplätze. Bei den Primaten muß jedes Individuum allein seine Nahrung suchen, trinken, fliehen und auf einen Baum klettern. Es gibt kein nennenswertes Teilen oder Weitergeben gesammelter Nahrung oder vorbereiteter Zufluchtsorte. Gegenseitige Hilfe ist unwesentlich oder überhaupt nicht vorhanden. Nur Säuglinge werden getragen und versorgt. In einer solchen „Wirtschaftsform" scheint die Gruppe im wesentlichen ohne Bedeutung zu sein.

Jedoch müssen die Ressourcen und die Gefahren erst einmal entdeckt werden, bevor die Primaten auf sie reagieren können, und dies ist die erste wichtige Funktion der Gruppe. Die Primaten tauschen untereinander keine Ressourcen aus, wohl aber Informationen darüber. Findet ein Pavian zum Beispiel ein kleines Wasserloch, so verrät er diese Entdeckung seinen Nachbarn mit der unverwechselbaren Haltung eines trinkenden Tieres: Kopf gesenkt, Hinterteil und Schwanz nach oben gerichtet. Die aufgeregten Handbewegungen eines Tieres, das eine bevorzugte Nahrung ausgräbt, ruft ebenfalls seine Kumpane herbei. Doch die Entdeckungen eines Gruppenmitgliedes sind nicht nur im Moment von Vorteil für die anderen. In einer Zeit der Dürre mag ein alter Mann den Weg zu einem entfernt liegenden Tümpel weisen, an den er sich von einem vor langer Zeit unter ähnlichen Umständen abgestatteten Besuch erinnert. Es ist möglicherweise kein Zufall, daß Primatenmänner, die im allgemeinen in der Führung der Gruppe aktiver sind als die Weibchen, auch häufiger weit und allein herumziehen, besonders solange sie jung sind.

Welche Auswirkungen hat die Größe der Gruppe auf den Erfolg des Austausches von Informationen? Es sieht auf den ersten Blick so aus, als ob die größere Gruppe stets erfolgreicher wäre, da die Menge der gemeinsamen Information nahezu proportional der Anzahl der Gruppenmitglieder ist. Doch die tatsächliche Gruppengröße läßt darauf schließen, daß gewisse Faktoren die Gruppengröße begrenzen. Der bedeutendste dieser Faktoren ist wahrscheinlich die Verteilung des Umweltangebots im Biotop. Um diesen Punkt zu erörtern, betrachten wir für einen Moment einmal nur den Faktor Nahrung.

Findet ein niederer Affe einen kleinen Nahrungsbissen, z.B. eine Nuß, so frißt nur er selbst davon; es hat keinen Sinn, die Nachricht davon weiterzugeben. Wären die Nüsse gleichmäßig über das ganze Wohngebiet der Gruppe verstreut, so würde kein Individuum jemals etwas über die Lage von Nüssen erfahren, was es nicht bereits wüßte. Es gäbe nichts mitzuteilen. Dies mag einer der Gründe sein für die relativ begrenzte Gruppengröße bei Primatenarten, die im Urwald leben, wo die Nahrung gleichmäßiger verteilt zu sein scheint als in der Savanne. Wenn die Nüsse jedoch nur an bestimmten Plätzen vorkommen und in Mengen, von denen sich mehr als ein Affe ernähren kann, dann hat die Gruppe einen Nutzen von der Weitergabe dieser Information.

Meine erste These lautet daher: die Futtersuche in Gruppen ist nur dann adaptiv, wenn die Nahrung in Mengen oder in Einheiten vorkommt, von denen sich mehr als ein Tier ernähren kann. Wir gehen also das Problem der Gruppengröße mit der Frage an, wie viele Tiere sich gleichzeitig von einer solchen Nahrungseinheit ernähren können. Es hat keinen Sinn, zwanzig Gruppenangehörige zu einem kleinen Busch zu locken, der nur Futter für drei hat.

Es gibt drei Methoden, mit denen die Primaten dieses Problem zu lösen scheinen. Zuerst einmal stoßen die meisten Arten keine Rufe aus, wenn sie Nahrung finden. Das heißt, sie lenken die Aufmerksamkeit lediglich derjenigen Gruppenmitglieder auf sich, von denen sie im Augenblick gesehen werden können. Die Nachricht verbreitet sich langsam und erreicht die ganze Gruppe nur dann, wenn die Nahrung reichlich genug ist, um für eine ganze Weile zu reichen. Die einzige mir bekannte Ausnahme bilden die Schimpansen des Budongo-Urwaldes in Uganda. Das gewaltige Rufen und Trommeln, das diese Population veranstaltet, sobald sie einen großen Bestand fruchttragender Bäume entdeckt hat, scheint andere Trupps herbeizulocken.

Der zweite Mechanismus, der eine übermäßige Ansammlung von Affen verhindert, ist der, daß fressende Primaten ihre Artgenossen nur in einem bestimmten Abstand von sich — in der Regel ein paar Schritte — dulden. Diese Abstände werden von den untergeordneten Gruppenmitgliedern allgemein respektiert. Sie werden sich daher, wenn die erste Nahrungsquelle vollständig besetzt ist, nach einer anderen umsehen. Diese Technik ist zufriedenstellend in einem relativ reichen Biotop, in dem die Nahrungseinheiten nicht zu weit voneinander entfernt sind. Sie ist jedoch eine schlechte Lösung in einer unfruchtbaren Gegend, wo die Nahrungsquellen weit verstreut liegen. Die untergeordneten Tiere würden an jeder Nahrungsquelle, an der die Gruppe vorbeikommt, abseits stehen und hungrig bleiben.

Unter solchen Umständen ist eine dritte Lösung angepaßt. Sie besteht darin, die Größe der futtersuchenden Gruppe mit Hilfe der sozialen Organisation der Größe der Nahrungseinheiten anzupassen. Meine These ist, daß unter harten Futterbedingungen — und unter solchen haben wir die exakteste adaptive Einpassung zu erwarten — die Größe der Gruppe sich der Höchstzahl der Tiere nähert, die sich gleichzeitig von der kritischsten Nahrungseinheit ernähren können.

Die tatsächlichen Gruppengrößen sind jedoch oft selbst bei derselben Art und in demselben Typ des Biotops sehr unterschiedlich, und jede Gruppe behält ihre Größe bei, viele Monate lang und bei allem, was sie tut. Diese Arten helfen uns nicht viel weiter. Es gibt jedoch einige Arten, wie die Schimpansen, die Dscheladas und die Mantelpaviane, die die Größe ihrer Gruppen je nach Art ihrer Aktivität verändern. Hier können wir möglicherweise einige Anhaltspunkte finden.

Bei den Mantelpavianen ist die Beziehung zwischen Gruppengröße und Einheit des Umweltangebots relativ deutlich. In ihrem Biotop in der Danakilebene stellen die Blüten und Schoten der kleinen Akazienbäume die Hauptnahrungsquelle dar. Ein alleinstehender Baum wird häufig von einer einzigen Einmann-Gruppe, d.h. von ungefähr fünf Tieren, abgeerntet. Diese Anzahl erlaubt es den Pavianen, ihren beim Fressen üblichen Abstand von etwa einem Meter beizubehalten, bei dem die untergeordneten Tiere von ihren dominanten Nachbarn nicht behindert werden. Die Einmann-Gruppe scheint somit auf die Angebotseinheit „einzelner Baum" abgestimmt. Die an den größeren Flußbetten gelegenen Gehölze von zehn oder mehr großen Akazien werden gewöhnlich von einer ganzen Bande gemeinsam besetzt. In der trockenen Jahreszeit werden Wasserlöcher zu der kritischen Ressourcen-Einheit. Diese Flußtümpel liegen kilometerweit voneinander entfernt, aber sie haben meistens genug Wasser für hundert oder mehr Paviane. Obwohl Hamadryasherden sich auf ihrer täglichen Route selten zusammenfinden und während der Regenzeit niemals zum Trinken zusammenkommen, versammeln sie sich in trockenen Monaten an Wasserlöchern.

Die zweite wichtige Bedeutung der Herde ist die optimale Benutzung von Schlaffelsen. Hamadryas-Schlaffelsen, eine große Angebotseinheit, sind in einigen Gegenden selten. Dort kann Schlafraum zu einem die Populationsdichte begrenzenden Faktor werden. In solchen Gegenden bilden Mantelpaviane Herden bis zu 700 Tieren, Ansammlungen also, die viel größer sind, als es für eine gemeinsam auf Futtersuche gehende Einheit in dieser Gegend angebracht ist. Vergleiche zwischen der Herdengröße in Gegenden mit vielen und wenigen Felsen bestätigen dies. Im Auasch-Tal, wo die Nahrung knapp ist, Felsen aber am Schluchtrand fast überall zur Verfügung stehen, sind die Herden nur ein Fünftel bis ein Zehntel so groß wie in dem nahezu felslosen Land um Dire Daua, wo die Futtersituation wegen der Landwirtschaft besser ist. Diese Hypothesen müssen allerdings noch quantitativ überprüft werden. Wir können aber vorderhand vermuten, daß die Mantelpaviane keine Herden bilden würden, wenn ihre Schlafstellen klein wären, weit auseinanderlägen und auf jeder nur einige wenige Tiere Platz hätten. Anubis-Paviane, die in ihren typischen Biotopen ausreichend viele Schlafbäume vorfinden, bilden keine Herden, sondern Gruppen von der Größe einer Hamadryas-Bande. Wenn Trockenheit die Anubis-Paviane dazu zwingt, ein Wasserloch gemeinsam mit anderen Gruppen zu benutzen, so nähern sich die Gruppen einander mit Vorsicht. Die Gesellschaft der Mantelpaviane umfaßt also drei verschieden große soziale Einheiten, von denen jede offenbar für eine spezielle Ressourcen-Einheit am besten geeignet ist.

Die Husarenaffen (Abb. 3.2) liefern ein weiteres Beispiel für den Zusammenhang zwischen Gruppengröße und Größe der Schlafstelle. Eine in Uganda beobachtete Population lebt in einer Savanne ohne Felsen oder hohe Bäume. Die Husarenaffen müssen also auf Bäumen übernachten, die anscheinend selbst für ihre Einmann-Gruppen zu klein sind. Statt sich also für die Nacht zusammenzufinden, wie dies die Mantelpaviane tun, spalten sich bei diesen Husarenaffen die Einmann-Gruppen auf, um einzeln oder in Paaren über ein weites Savannengebiet verstreut die Nacht zu verbringen (Abb. 3.4). Treffen Einmann-Gruppen von Husarenaffen an Wasserlöchern zusammen, so bedrohen und verjagen sie einander. Ihr soziales Verhalten ist auf Zerstreuung eingerichtet, wohingegen das der Mantelpaviane sowohl auf Zerstreuung als auch Vereinigung angelegt ist. Die Dschelada-Paviane der baumlosen Hochflächen Äthiopiens (Abb. 3.5, 3.6, 3.7) weisen eine flexible Gruppengröße auf. Bei dieser Art ist die Gesellschaft auf zwei Ebenen organisiert, der der großen Herden und der diese Herden bildenden Einmann-Gruppen und reinen Männergruppen. In Gegenden und zu Zeiten reichen Nahrungsangebots neigen die Dscheladas dazu, Herden zu bilden. Ist die Nahrung knapp, so zerfallen die Herden in die kleineren Einheiten, die unabhängig voneinander leben und ihre Nahrung suchen.

Die Schimpansen sind die dritte Art, die durch Zusammenschluß und Teilung die Größe ihrer Gruppen rasch ändern. Nach Reynolds „erlaubt (dieses System der) Teilung und Zusammenballung, die jahreszeitlich bedingten Schwankungen der Verfügbarkeit und Verteilung von Früchten bestmöglich auszunutzen". Dies ist mit unserer These vereinbar. Dennoch stellen Schimpansen einen Sonderfall dar: Sie sind die einzigen bekannten waldbewohnenden Primaten, die eine solche „fusion-fission"-Gesellschaft besitzen. Es ist schwer einzusehen, warum die waldbewohnenden niederen Affen nicht ebenso flexibel sind, sondern bei der auf einem Niveau organisierten Gesellschaft bleiben. Die Antwort mag eher kausal als funktional sein. Wie ich für die Mantelpaviane zeigen werde, sind auf mehreren Ebenen organisierte Gesellschaften für niedere Affen schwer zu verwirklichen. Die Existenz von kleineren Einheiten in einer größeren Gruppe

Größe der Gruppe und der Einheiten des Umweltangebots

Abb. 3.2. Erwachsenes Husarenaffen-Männchen (*Erythrocebus patas*). Als nahe Verwandte der Grünen Meerkatze (Abb. 3.3) haben sich die Husarenaffen für ein Leben auf dem Boden spezialisiert durch Zunahme ihrer Körpergröße, stärkeren sexuellen Dimorphismus und große Laufgeschwindigkeit. (Delta Primate Research Center)

Abb. 3.3. Grüne Meerkatze (*Cercopithecus aethiops*). Erwachsenes Männchen. Diese Art findet sich vorwiegend in Galeriewäldern

ist eine ständige Konfliktquelle, da die Einheiten und Untereinheiten stabil und geschlossen sind und einander potentiell feindlich gegenüberstehen. Spaltungen und Zusammenschlüsse sind nur entlang genau definierter Grenzen möglich. Bei den großen Menschenaffen mit ihrer Neigung zu Toleranz und zu wirklich offenen Gruppen ändern dagegen die Nahrungssuch-Gruppen ihre Zusammensetzung beliebig. Dieser Unterschied zwischen niederen Affen und Menschenaf-

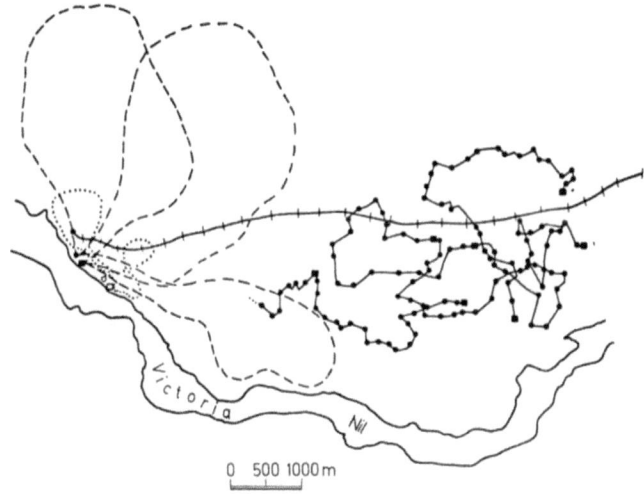

Abb. 3.4. Ein Vergleich der Tagesmärsche von Pavian-, Meerkatzen- und Husarenaffengruppen bei Chobi, Murchison. Während Paviane (--------) und Meerkatzen (.......) jeden Abend in den Galeriewald zurückkehren, bleiben die Husarenaffen (———) selbst nachtsüber in der Savanne. (Nach Hall, 1965)

Abb. 3.5. Biotop des Dschelada-Pavians (*Theropithecus gelada*) im äthiopischen Semyengebirge, 3800 m über dem Meeresspiegel. Offene Hochgebirgsmatten mit vereinzelten Lobelien (Vordergrund) sind ihre Weidegründe; die Nächte verbringen sie in den Felsen der Steilwand

Abb. 3.6. Eine Dscheladaherde zieht am Rande einer Steilwand (Hintergrund) entlang von einem Weidegrund zum anderen. Die Herde wird zum Binnenland hin von einer Eskorte erwachsener Männchen flankiert

Abb. 3.7. Ausgewachsener Dscheladamann mit einem schweren Schulterumhang marschiert am Rande der Herde. Die Weibchen (links) haben keine Mäntel und wiegen nur halb so viel wie die Männchen

fen mag vielleicht erklären, warum „fusion-fission"-Gesellschaften nur bei jenen niederen Affenarten auftreten, denen diese in einer harten Umwelt durch ungewöhnlich starken selektiven Druck aufgezwungen werden.

Deduktion und Beispiele lassen vermuten, daß die Größe der Gruppe der Größe und Verteilung des Umweltangebots angepaßt ist. Bietet derselbe Biotop wichtige Ressourcen in Einheiten verschiedener Größe an, so schneiden allem Anschein nach seine Bewohner mit einer flexiblen Organisation am besten ab. Es gibt mehrere Erklärungsmöglichkeiten für die Tatsache, daß die Mehrzahl der Primatenarten in auf einer Ebene organisierten Gruppen von konstanter Größe leben: Das Umweltangebot kann gleichmäßig verteilt sein; oder es ist lediglich ein Typ der Angebotseinheit knapp genug, um eine Anpassung der Gruppengröße zu erfordern; oder das phylogenetische Erbe der Art enthält möglicherweise nicht die Verhaltensmechanismen, die für eine auf vielen Ebenen organisierte Gesellschaft notwendig sind; in diesem letzteren Fall dürfte die Gruppengröße in der Nähe eines Kompromisses zwischen den Erfordernissen der verschiedenen Ressourcen liegen.

Die Gruppe und ihre Feinde

Raubtiere sind in der Ökologie der nicht-menschlichen Primaten von sehr viel größerer Bedeutung als im Leben des Menschen. Während der Mensch zu den Jägern gehört, gehören die kleineren, unbewaffneten Affen zu den Gejagten. Die auf dem Boden lebenden Primaten, wie die Paviane, können sich keine Arbeitsteilung zwischen den Geschlechtern leisten, denn dies würde eine Trennung von Männchen und Weibchen zur Erfüllung verschiedener Aufgaben bei der Nahrungssuche notwendig machen. Ohne ihre sehr viel größeren und mit scharfen, langen Eckzähnen bewehrten Männchen könnten die Weibchen wahrscheinlich nicht auf die Nahrungssuche gehen, ohne Verluste durch Raubtiere zu erleiden.

Das Raubtier-Problem ist am kritischsten für die am Boden und im offenen Gelände lebenden Primaten. Wir kennen hauptsächlich zwei Techniken, die sie Raubtieren gegenüber herausgebildet haben: die der Paviane und die der Husarenaffen. Bei den verhältnismäßig lauten Pavianen liegt das Schwergewicht eher darauf, das Raubtier rechtzeitig zu entdecken, als die Entdeckung durch den Feind zu verhindern. Wenn einmal Kontakt mit dem Raubtier hergestellt ist, so greifen die Paviane den Räuber unter Umständen an oder hassen im großen Haufen gegen ihn, statt daß sie blindlings und in jedem Fall die Flucht ergreifen.

Gemeinsame Verteidigungsaktionen einer Paviangruppe gegen Schakale, Hunde oder Leoparden sind wiederholt beobachtet worden. In der Regel stellen sich die ausgewachsenen männlichen Tiere zwischen das Raubtier und den Rest der Gruppe, bellen, reißen ihre Kiefer weit auf und zeigen ihr eindrucksvolles Gebiß. Im Amboseli-Nationalpark beobachteten die Altmanns einen Leoparden, der vom Unterholz aus in eine sich am Rande eines Wasserloches aufhaltende Gruppe von Gelb-Pavianen hineinsprang: „Die Paviane sprangen fort, dann wandten sie sich gegen den Leoparden und bellten laut, während verschiedene Angehörige der Gruppe auf den Leoparden zurannten. Einmal war das ranghöchste Männchen dem Leoparden am nächsten. Angesichts dieser Massenattacke drehte sich der Leopard um und lief davon." Ein ausgewachsenes, ein subadultes und ein juveniles Männchen wurden bei diesem Zusammentreffen verwundet, aber alle erholten sich wieder. In einem anderen Fall wurde eine Gruppe von Bären-Pavianen durch Hunde bedroht. Die starken ausgewachsenen Pavianmänner stellten sich sofort zwischen die Gruppe und die Hunde. Nicht selten tötete oder verstümmelte ein einzelnes ranghohes Männchen drei oder vier große Hunde, bevor es sich in die Richtung zurückzog, die die Herde genommen hatte.

Welches ist, theoretisch gesehen, die optimale Gruppengröße für solche Verteidigungsaktionen? Anders als Nahrung, Wasser oder Schlafstellen ist das Raubtier beweglich; es kann innerhalb weniger Minuten vielen Gruppenmitgliedern gefährlich werden. Das entdeckte Raubtier ändert lediglich seine Position; dagegen wird eine Ressourceneinheit, nachdem sie einmal entdeckt ist, genutzt und somit für einige Zeit uninteressant. Dies erklärt, warum das Nahen eines Raubtiers, im Gegensatz zu der Existenz von Futter, so weit mitgeteilt wird, wie eine Pavianstimme nur zu tragen vermag. Die für die Entdeckung eines Raubtiers ideale „Anti-Räuber-Einheit" ist sehr groß, denn jedes Augenpaar bedeutet eine Hilfe. Je mehr Paviane von dem Warnschrei dessen, der das Raubtier entdeckte, erreicht werden, um so besser ist es. Häufig verläßt ein entdecktes Raubtier sofort die informierte Gruppe und versucht sein Glück anderswo. Seine Chancen werden größer sein, wenn seine Beute in vielen kleinen Gruppen außer gegenseitiger Rufweite als in einer großen Gruppe lebt.

Die Aufgabe, das Raubtier in der Masse anzugreifen und abzuschrecken, scheint ebenfalls zugunsten der großen Gruppen von 50 oder mehr Tieren zu sprechen, wie sie allgemein von den meisten Pavianarten gebildet werden. Jedoch wird der Leser ohne Schwierigkeiten eine Reihe von Variablen finden, die in einem detaillierten Modell ebenfalls mit einbezogen werden müßten, z.B. die Zahl und Technik kooperierender Raubtiere, ihre Erkennbarkeit, der Vorteil von vorübergehend großen Gruppen, die den Raubtieren allein mit kranken oder schwachen Tieren genügend Nahrung liefern können, der negative Effekt blinden Alarms über große Entfernungen usw. Für Savannenbedingungen und die übliche Größenordnung von Paviangruppen dürfen wir jedoch annehmen, daß die größere Gruppe eine sicherere Gruppe ist. Raubtierdruck wird daher in der Regel die aufgrund der Ressourcen selektionierten Gruppengrößen anwachsen lassen. Die kleinen futtersuchenden Einheiten der Mantelpaviane bestätigen unseren in freier Wildbahn gewonnenen Eindruck, daß in der Halbwüste der Druck der Raubtiere von geringerer Bedeutung ist als das Futterproblem. Immerhin beobachteten wir, daß sich die kleinen Einmanngruppen zu größeren, sichereren Einheiten zusammenschließen, wo die Futterbedingungen dies erlauben.

Dieses Bild unterscheidet sich von dem der Husarenaffen, die Hall (1965) in Uganda untersuchte. Die kleinen, isolierten Einmann-Gruppen dieser lohfarbenen, langbeinigen Affen sind leise und heimlich. Sie stellen sich einer nahenden Gefahr nicht als Gruppe entgegen. Stattdessen klettert das wachsam gewordene Männchen in die oberen Zweige eines Baumes, von wo es die Gegend erforscht. An diesem exponierten Ausguck machen ihn seine Größe und die weiße Farbe seiner Schenkel ziemlich auffällig (Abb. 4.5). Sein weiteres Verhalten bei Anwesenheit eines menschlichen Beobachters legt den Schluß nahe, daß seine Funktion nicht nur darin liegt, nach Gefahren Ausschau zu halten, sondern auch darin, die Aufmerksamkeit von der Gruppe abzulenken. Er springt geräuschvoll und auffällig auf die Äste und läßt sie kräftig schwanken. Er kann auch vom

Baum herunterklettern, ein „wuu-werr"-Knurren ertönen lassen und sehr nahe am Beobachter vorbeigaloppieren, oder er rennt über die Savanne, weit fort von dem Eindringling und der Gruppe. Während das männliche Tier mit solchen Ablenkungsmanövern beschäftigt ist, bleiben die Weibchen und Jungtiere still an ihren Plätzen, häufig liegen sie flach auf den Bäuchen im Gras (Abb. 3.8). Ihr letzter Ausweg aber, wenn sie sich vor Räubern in Sicherheit bringen müssen, ist die ungeheure Geschwindigkeit ihres Laufs. In dieser Beziehung sind die Husarenaffen den Pavianen und möglicherweise auch allen anderen Primaten klar überlegen.

Die Technik der Husarenaffen gegenüber Räubern heißt: sehen, aber nicht gesehen werden. Während das erstere zwar am besten von einer großen Gruppe bewerkstelligt werden kann, erfordert die zweite Funktion Stille, einen hohen Grad an Dispersion sowie kleine Gruppen. Daß die Husarenaffen den zweiten Weg einschlagen, liegt wahrscheinlich daran, daß ihre Ressourcenbedingungen kleine Gruppen verlangen. Die geringere Augenzahl wird ersetzt durch den Grad der Wachsamkeit des Männchens, das aufmerksamer zu sein scheint als jeder Pavianmann. In Gefangenschaft wie auch in freier Wildbahn bleibt der Husarenaffenmann gewöhnlich am Rande der Gruppe, gelegentlich in beträchtlichem Abstand. Häufig ist sein Blick von der Gruppe weggewandt.

Unter den am Erdboden lebenden Primaten ist die extreme Rollenverteilung der Husarenaffen zwischen den die Aufmerksamkeit auf sich lenkenden Männchen und den sich verbergenden Weibchen einmalig. Eine ähnliche Rollenverteilung findet sich in geringerem Maß noch bei einigen waldbewohnenden Meerkatzenarten (*Cercopithecus*). Wenn beispielsweise eine Einmann-Gruppe von Weißnasenmeerkatzen (*Cercopithecus nictitans*) gestört wird, so gibt ihr Gruppenführer laute Rufe von sich und nähert sich der Störungsquelle, während seine Gruppe sich von ihm und der Gefahr zurückzieht. Die Jäger in Gabun provozieren das Näherkommen des Gruppenführers; sie schütteln Zweige und verbessern damit ihre Chancen, ihn zu erlegen. Wie bei den Husarenaffen hat das Weißnasen-Männchen vielmehr die Aufgabe, die Gefahr von der Gruppe abzulenken, als die Gruppe zu führen.

Die Methoden der Paviane und Husarenaffen gegenüber Raubtieren sind keine starren Spezialisierungen. Eines Tages beobachte-

Abb. 3.8. Die Neigung der Husarenaffen, sich zu verstecken, zeigt sich auch im Verkehr mit Artgenossen. Hier verbirgt sich ein subadultes Männchen hinter einem Baum, während es einem Kampf zwischen anderen Mitgliedern der Gruppe zusieht. (Delta Primate Research Center)

ten wir im Auasch-Nationalpark in Äthiopien eine große Gruppe von Anubis-Pavianen, die in dichtem Haufen rennend eine offene Ebene überquerten. Die Paviane sind keine schnellen oder ausdauernden Läufer; und so blieb nach nur ungefähr 300 m ein erwachsenes Weibchen in der Mitte der Ebene hinter den anderen zurück, obwohl es allem Anschein nach weder verwundet noch krank war. Da es, als wir uns näherten, nicht fliehen konnte, kauerte es sich wie ein Husarenaffe leise in das bergende Gras. Andererseits sind in Westafrika ausgewachsene Husarenaffen-Männer beobachtet worden, die ihre Gruppe aktiv verteidigten. In einem Fall jagte ein Husarenaffenmann einen Schakal, der einen Säugling seiner Gruppe in den Fängen trug. Der Schakal ließ seine Beute bald fallen, und das Affenkind, offensichtlich unversehrt, wurde von einem Husarenaffenweibchen zurückgeholt.

Diese Beispiele der Nahrungssuche, des Schlafens und des Verhaltens gegenüber Raubtieren lassen vermuten, daß große wie auch kleine Gruppen in einem bestimmten funktionalen Zusammenhang ökologisch vorteilhaft und in einem anderen nachteilig sein können. Wechselt eine Population flexibel zwischen unterschiedlichen Gruppengrößen hin und her, so können wir erwarten, daß diese Gruppengrößen zu verschiedenen wichtigen Faktoren in der Umwelt in Beziehung stehen. Wird nur ein einziger Gruppentyp beibehalten, so wird diese Gruppe für eine einzige höchst wichtige Bedingung geeignet sein oder aber einen Kompromiß darstellen.

Die Primatologen pflegten Hypothesen über die durchschnittliche Gruppengröße von Arten und den allgemeinen Charakter ihres Biotops, wie „Urwald" oder „Savanne" aufzustellen. Solange aber die verschiedenartigen und vielleicht sehr widersprüchlichen Erfordernisse dieser Biotope nicht identifiziert worden sind, bleiben solche Hypothesen fragwürdig. Die Mehrzahl von ihnen fand durch neuere Daten keine Bestätigung. Zum Beispiel bilden die auf dem Erdboden lebenden Arten im allgemeinen größere Gruppen als Arten, die vorwiegend in den Bäumen leben. Es gibt jedoch Ausnahmen, z.B. die Husarenaffen, die ausgesprochene Bodentiere sind und doch kleine Gruppen bilden, oder die urwaldbewohnenden Vollbartmeerkatzen (*Cercopithecus l'hoesti*), die in stärkerem Maße als andere urwaldbewohnende Meerkatzenarten auf dem Erdboden leben, aber in kleineren Gruppen als diese. Anscheinend begünstigen einige ökologische Faktoren selbst im Urwald große Gruppen. Die winzigen, in den Baumkronen lebenden Talapoins und die großen, auf dem Erdboden lebenden Drills sind beides Primaten, die im Urwald leben. Beide sind in über hundert Kopf starken Gruppen beobachtet worden.

Koordination der einzelnen Tätigkeiten in der Gruppe

Der ökologische Wert der Primatengruppe liegt zum einen in der sehr wichtigen Funktion der Kommunikation über Ressourcen — gleichgültig, ob die Information die Lage eines Grasährenbestandes betrifft, der in einer Minute leergefressen sein wird, oder die Position eines Felsens, in welchem Fall die Information für eine lange Zeit gültig sein wird. Zwar wird die Information herumgetragen und weitergegeben, nicht aber die Ressourcen selbst. Mit Ausnahme der Verteidigung gegen Raubtiere muß jedes Tier seine Bedürfnisse selbst decken. Es muß dies allerdings im Rahmen der Gruppe tun, und das ist nicht ganz so einfach, wie es auf den ersten Blick scheint.

Stellen wir uns eine Gruppe vor, die in einem idealen Urwaldbiotop lebt, in dem Futter, Wasser und sichere Schlafstellen in kleinen Einheiten vorkommen, die dicht und gleichmäßig über das Gebiet verstreut liegen. Unter solchen Bedingungen findet jedes Tier das, was es braucht, ohne weit laufen zu müssen. Es braucht, um alle seine Bedürfnisse zu befriedigen, die Gruppe nicht zu verlassen. Es kann jederzeit essen, trinken und schlafen, völlig unabhängig von dem, was die anderen tun.

Denken wir uns nun eine ähnliche Gruppe in einem Biotop, wo das Umweltangebot geballt vorkommt und diese Anhäufungen weit auseinanderliegen, genauer gesagt so weit, daß die Kommunikation zwischen benachbarten Angebotsquellen nicht möglich ist. Wenn eine Gruppe an einer Stelle Nahrung sucht, so kann ein durstiges Mitglied der Gruppe nicht zur nächstgelegenen Wasserstelle gehen, ohne die Gruppe zu verlieren. In dieser Situation verlangt das Gruppenleben, daß alle Mitglieder der Gruppe zur selben Zeit dasselbe tun, daß sie denselben Zeitplan einhalten. Hier liegt nämlich eine Gefahr: Trinkt eines der Tiere nicht, wenn seine Gruppe ein Wasserloch aufsucht, weil es noch nicht durstig ist, so wird es später Durst leiden, bis die Gruppe wieder auf Wasser trifft, es sei denn, es trenne sich von der Gruppe.

Das Gruppenleben unter solchen Bedingungen erfordert eine sekundäre Anpassung, durch welche die primäre Anpassung des Gruppenlebens möglich wird: Sie hängt von einem Verhaltensmechanismus ab, der das Individuum veranlaßt, das zu tun, was seine Gefährten tun. Ein solcher Mechanismus, der von den Ethologen als *soziale Erleichterung* bezeichnet wird, ist unter allen sozialen Arten verbreitet. Er führt dazu, daß kleine Küken mehr fressen, wenn sie mit anderen zusammen ihr Futter aufpicken, daß Vögel in Scharen auffliegen, oder daß die Menschen ärgerlich werden oder gähnen, wenn sie andere dies tun sehen. Soziale Erleichterung synchronisiert Tätigkeiten, die an sich sehr gut einzeln und zu verschiedenen Zeiten getan werden könnten. Sie kann immer dann beobachtet oder erwartet werden, wenn es von Vorteil ist, daß jedes einzelne Gruppenmitglied die Tätigkeit der Mehrheit übernimmt.

Soziale Erleichterung sollte nicht mit dem sehr viel schwierigeren Verhalten der *Nachahmung* verwechselt werden. Wenn ein Mensch gähnt als Reaktion auf das Gähnen eines anderen, so braucht er sich nicht darauf zu konzentrieren, was sein Partner tut, um zu wissen, wie er gähnen muß. Er besitzt das genetische Programm für das Gähnen, und er könnte auch dann gähnen, wenn ihm niemand je zeigen würde, wie das gemacht wird. Daß bei der sozialen Erleichterung der auslösende Reiz mit der ausgelösten Reaktion übereinstimmt, ist sozusagen zufällig und verbessert nicht die Qualität der Reaktion. (Der Leser fängt jetzt vielleicht selbst zu gähnen an, lediglich als Reaktion auf das geschriebene Wort.) Bei der sozialen Erleichterung wird nichts gelernt, und die Reaktion kann unbewußt sein. Im Gegensatz dazu ist Nachahmung das Kopieren eines neuen oder unwahrscheinlichen Aktes, für die der Nachahmende bestenfalls kleine Bruchstücke eines genetischen Programms besitzt. Das Lernen eines schwierigen Tanzes ist ein Beispiel dafür. Nachahmung erfordert ungeteilte und höchst wahrscheinlich bewußte Aufmerksamkeit. Die meisten Vögel und Säugetiere zeigen soziale Erleichterung, Nachahmung jedoch findet sich nur bei den Menschen, den großen Menschenaffen und in sehr begrenztem Ausmaß bei den niederen Affen.

Man sollte den höchsten Grad der Synchronisation bei lebenswichtigen Tätigkeiten wie der Flucht erwarten, und tatsächlich wird die Schreckreaktion eines Pavians innerhalb von Bruchteilen einer Sekunde von seinen Nachbarn übernommen. Fressen, Trinken und Aufbruch breiten sich viel gemächlicher aus. Warnrufe und das Zusammenrotten zum Angriff sind ebenfalls „ansteckend", aber Halbwüchsige und Weibchen nehmen nicht immer daran teil. Ein Affe, der von einem Baum aus die entferntere Umgebung durchforscht, wird gewöhnlich kein ähnliches Verhalten hervorrufen, es sei denn, er signalisiert eine Entdeckung. Das Ausmaß der Koordination in der Gruppe scheint also mit zwei Faktoren in Zusammenhang zu stehen: dem Grad der Wichtigkeit, daß im gegebenen Moment jedes Individuum die Tätigkeit ausführt, und der Zeit, die für die Reaktion zur Verfügung steht.

Im Extremfall kann ein einzelnes Mitglied der Gruppe eine „Aufgabe" für die gesamte Gruppe übernehmen. Die Führung der Gruppe und das Durchforschen der entferneren Umgebung sind solche sozialen Funktionen, die das Gruppenleben höchst vorteilhaft machen. Im Hinblick auf die der Gruppe zur Verfügung stehende Zeit heißt dies, daß es ineffizient wäre, wenn die Mehrheit der Gruppenmitglieder ständig auf kahlen Termitenhügeln säße und nach Leoparden Ausschau hielte. Ein oder zwei Wachposten und die begrenzte Wachsamkeit ihrer Nahrung suchenden Gruppengenossen müssen ausreichen. In diesen Fällen differenzieren Gruppenmitglieder ihre Aktionsmuster, sie übernehmen individuelle Funktionen. Der Begriff „Rolle" sollte hierfür nicht gebraucht werden, da ihn die Sozialpsychologen bereits in anderer Definition verwenden.

Eine interessante Frage ist, ob es ein Gegenstück zu der sozialen Erleichterung gibt bei Aufgaben, die einer für alle durchführt. Eine *soziale Hemmung* also, welche die Tendenz zu einem Verhalten *reduziert*, wenn man ein anderes Gruppenmitglied bereits so handeln sieht. In bezug auf zeitlich begrenzte Funktionen wie die Wachtätigkeit hat man dieser Frage bei Freilandstudien bisher noch keine spezielle Aufmerksamkeit geschenkt, aber es ist bekannt, daß die langfristigen Funktionen in der Gruppe solchen Mechanismen unterliegen. Besitzt eine Gruppe ein Leitmännchen, so wird bei einigen Arten kein anderes männliches Tier die Gruppe führen oder die Umgebung sondieren bis zu dem Tag, an dem das Leittier stirbt. Ist das

Leittier jedoch tot, so kann ein anderes Männchen binnen Stunden die Funktion des Leittiers übernehmen. Man muß annehmen, daß die Tätigkeit des früheren Leittiers das Führungsverhalten bei anderen Mitgliedern der Gruppe gehemmt hat. Solche hemmenden Wirkungen sind bei einigen sozialen Funktionen ganz offensichtlich. Makakenmütter oder die Führer von Hamadryas-Einmanngruppen gehen so weit, daß sie andere in aggressiver Weise daran hindern, an ihrer Funktion gegenüber ihren Kindern und Partnern teilzuhaben.

So stellt die soziale Ordnung eine vollständige Skala koordinierender Mechanismen zur Verfügung, die von starker Ansteckung zu drastischer Verhinderung gleicher Tätigkeit reicht; welcher Mechanismus zur Wirkung gelangt, scheint von der Zahl der Tiere abhängig zu sein, die eine Aufgabe erfordert.

Dominanz

Die extreme Form der sozialen Hemmung ist als *Dominanz* bekannt. Ihre ökologische Funktion liegt darin, die Lage zu klären, wenn dieselbe Handlung nicht von mehr als einem Gruppenmitglied ausgeführt werden kann. Wenn eine Angebotseinheit — ein fruchttragender Zweig oder ein Felsvorsprung auf dem Schlaffelsen—so klein ist, daß nur ein einziges Tier sie benutzen kann, so wird das „dominante", d.h. das ranghöhere Tier sie sich nehmen.

Der Begriff „Dominanz" wird allgemein dazu benutzt, einen speziellen Ordnungstyp bei organisierten Gruppen zu beschreiben. Sein allgemeinstes Merkmal ist die Tatsache, daß ein Tier jedesmal und ohne Widerstand seinen Platz aufgibt, wenn sich ein ranghöheres Gruppenmitglied nähert. Diese Handlungsfolge wird als „Verdrängen" (supplanting) bezeichnet. Bei den Primaten verdrängen die älteren und stärkeren Individuen die schwächeren, und männliche Tiere sind in der Regel den weiblichen Tieren desselben Alters gegenüber dominant. Jeder Angehörige der Gruppe muß lernen, welches seine Rangstellung ist, zumindest innerhalb seines Geschlechts und seiner Altersklasse. Das letzte Mittel der Primaten zur Klärung der Rangstellung ist der Kampf.

Die Regelmäßigkeit, mit der einige Tiere andere verdrängen, hat verschiedene Wirkungen auf die ökologischen Aussichten des Individuums innerhalb der Gruppe. Der dominante Affe kann die rangniederen Tiere von den besten Futterplätzen und den sichersten Schlafstellen verdrängen. So verdrängen Paviane gelegentlich rangunterlegene Gruppenmitglieder von bereits ausgegrabenen Graspflanzen durch eine unauffällige Abfolge von Annäherung und Ausweichen, und ohne irgendwelche Drohgesten. Dieser Vorteil des Ranghohen ist im allgemeinen nur von geringer Bedeutung. Denn die vegetarische Nahrung der Primaten kommt überwiegend in kleinen Stücken vor und ist über ein Gebiet verstreut, das allen Mitgliedern der futtersuchenden Einheit Platz bietet. Bei großen Nahrungsbrocken wird die Dominanz jedoch entscheidend. Die jungen Antilopen, welche die Paviane manchmal töten, werden fast ausschließlich von den ausgewachsenen männlichen Tieren gefressen, und es kommt oft vor, daß um eine solche Beute gekämpft wird. Paviane sind im allgemeinen unfähig, Nahrung miteinander zu teilen, und diese Unfähigkeit dürfte ihnen den Übergang zu wirksam jagender Lebensweise unmöglich machen, da Weibchen und Junge leer ausgehen. Bei Schimpansen ist dies anders. Auch sie töten gelegentlich kleine Säugetiere; im Gegensatz zu den Pavianen betteln sie sich gegenseitig um Teile der Beute an und haben manchmal Erfolg damit, d.h. sie erhalten ein Stück.

Selbst bei disperser, vegetarischer Kost wird der Effekt der Dominanz kritisch, wenn die gesamte vorhandene Nahrungsmenge geringer als der Bedarf der Gruppe ist. Aus einer Fülle von Daten, hauptsächlich aus Beobachtungen von Tieren in der Gefangenschaft, geht hervor, daß sich unter solchen Bedingungen die dominanten Tiere die Nahrung aneignen, während die unterlegenen Tiere unter der Knappheit leiden. Die Dominanz wirkt sich dann wahrscheinlich zugunsten der erwachsenen Tiere aus und opfert die Halbwüchsigen und Säuglinge. Dies scheint adaptiv zu sein, da die erfahrenen und fortpflanzungsfähigen Erwachsenen für die Gruppe wertvoller sind als die leicht zu ersetzenden Jungtiere. Aber Futtermangel ist auch kritisch für die Weibchen, die wegen der Größe und Dominanz der Männchen benachteiligt sind und nicht so leicht ersetzt werden können wie die Jungtiere. Zum gegenwärtigen Zeitpunkt können wir zwei mögliche Gegenmechanismen zum Schutz der Weibchen erkennen. Eine von Crook vorgebrachte Überlegung geht davon aus, daß die Einmann-Gruppe der im offenen Gelände lebenden Arten ein Weg ist, um die Weibchen so weit wie möglich von der Futterkonkurrenz mit den Männchen zu befreien. Bei den Husarenaffen und Dscheladas leben die Weibchen mit einem einzigen Männchen zusammen, das für Fortpflanzung und Schutz genügen muß. Die überzähligen Männer dieser Arten bilden eingeschlechtige Gruppen, die mindestens in Notzeiten außerhalb des Wohngebietes der Einmann-Gruppen ihre Nahrung suchen.

Eine andere Spekulation kann auf der Tatsache aufgebaut werden, daß bei den meisten in kargen Biotopen lebenden Primatenarten die Männchen schwerer sind als die Weibchen. Bei den Mantelpavianen retten sich Weibchen und juvenile Tiere vor einer Attacke des Männchens häufig dadurch, daß sie sich rasch auf einen so dünnen Ast zurückziehen, daß das schwerere Männchen ihnen nicht zu folgen wagt. Kleinere Tiere werden offensichtlich von dünneren Ästen getragen als schwere Tiere. Selbst wenn ein 20 Kilogramm schwerer Hamadryasmann einen Akazienbaum nach Blüten und Fruchtständen abgesucht hat, kann ein 10 Kilo schweres Weibchen dort immer noch Futter finden. Zukünftige Freilandstudien mögen die Hypothese untersuchen, daß in einer Art, die einen Großteil ihrer Nahrung auf dem Boden sucht, die auf den Bäumen vorhandene Nahrung zur kritischen Nahrungsquelle für Weibchen und Halbwüchsige wird, da sie den Vorteil, den die Körpergröße auf dem Boden darstellt, ins Gegenteil verkehrt*.

Der starke sexuelle Dimorphismus der auf dem Boden lebenden Primaten wird gewöhnlich als eine Anpassung an die Verteidigung gegen Raubtiere interpretiert. Dies ist bei einer Art wie dem Dschelada, den man niemals sein Futter auf Bäumen hat suchen sehen, wahrscheinlich der wesentlichste selektive Faktor. Bei den auf dem Boden lebenden und ebenso dimorphen Drills und Mandrills ist das Argument weniger überzeugend: in ihren dichten Urwald-Biotopen sind sie niemals gezwungen, sich mit einem Raubtier auf dem Boden auseinanderzusetzen. Bei diesen Arten ebenso wie bei den in der Savanne lebenden Pavianen mag die Wirkung unterschiedlichen Ge-

---

* Vorläufige Beobachtungen von Stolba und Sigg deuten neuerdings auf ein noch eleganteres Verfahren: Erwachsene Männchen bleiben auf dem Erdboden und sammeln, was von den oben erntenden Weibchen und Jungtieren herabfällt.

wichts in den Bäumen zu der Entwicklung des Dimorphismus beigetragen haben.

Die Dominanzordnung hat bestimmte ökologische Vorteile, z.B. ersetzt sie endlose Kämpfe um Ressourcen durch eine reibungslos funktionierende Prioritätsordnung. Eine weitere Funktion der Dominanz ist die räumliche Zerstreuung der Gruppenmitglieder. Die rangniedrigeren Mitglieder vermeiden es, in die Nähe eines dominanten Tieres zu kommen. Dadurch neigt die Gruppe dazu, sich zu zerstreuen, und die weidenden Individuen suchen so weit voneinander entfernt nach Nahrung, daß sie sich gegenseitig nicht stören. Bei größeren Entfernungen jedoch scheint sich der Zerstreuungseffekt der Dominanz ins Gegenteil zu verkehren. Der britische Ethologe M. R. A. Chance hat darauf hingewiesen, daß die nicht-dominanten Mitglieder der Gruppe dazu neigen, die Bewegungen der ranghöheren Artgenossen zu antizipieren. Zu diesem Zweck blicken sie häufig auf und stellen fest, wo sich die ranghöchsten Gruppenangehörigen befinden; sie folgen ihnen sogar in gewissem Abstand, um sie im Blickfeld zu haben. Diese konzentrierte Aufmerksamkeit, kombiniert mit der Beschützerfunktion des dominanten Tieres macht dieses in einer Entfernung von 4-5 m oder mehr zu einem Anziehungspunkt. Wegen der Aufmerksamkeit, die der Rest der Gruppe ihm entgegenbringt, wird das ranghöchste Tier zu einem potentiellen Führer, dessen Aktionen mit erhöhter Wahrscheinlichkeit die der anderen beeinflussen. Auch diese Hypothese muß noch experimentell überprüft werden.

Die kompliziertesten Auswirkungen der Dominanz sind nicht ökologischer, sondern rein sozialer Natur. Sie sind eher kausale als funktionale Aspekte der Primatengesellschaften und sprengen somit den Rahmen dieses Kapitels. Ökologisch gesehen ist die Stellung des dominanten Tieres von geringer Bedeutung, solange sie nicht mit Führer- und Beschützerfunktionen zusammenfällt. Daher wird das Denken in Rangbegriffen gegenwärtig durch das Denken in „Rollen" oder besser „Funktionen" ersetzt. Eine „Rolle" sollte allerdings nicht lediglich als das beschrieben werden, was ein Tier tut, sondern vielmehr als eine individuelle, gruppenorientierte Funktion angesehen werden. (Auch dann noch geraten wir in Konflikt mit den Humanwissenschaftlern, die unter „Rolle" das verstehen, was die Gesellschaft von einem Mitglied *erwartet*.) So vergleicht Hall das Husarenaffenmännchen mit einem „Wachhund" seiner Gruppe. Diese Ausweitung des im Labor geschaffenen Begriffs der Dominanz macht den Weg frei für neue Forschungen über den Mechanismus der Funktionenverteilung und -differenzierung, über Mechanismen, die subtiler sind als offener Konflikt, und über die Möglichkeit, daß die Gruppenmitglieder vielleicht sogar um Funktionen konkurrieren, die auch für die Gruppe statt nur für ihr eigenes Überleben vorteilhaft sind.

Die Führung der Gruppe

Die Funktion der Führerschaft ist ein gutes Beispiel einer sozialen Funktion bei den Primaten. Allerdings ist sie bis jetzt noch nicht in gezielten Forschungsprojekten untersucht worden. Ökologisch gesehen nimmt die Führerschaft an Bedeutung zu, je weiter die Angebotseinheiten auseinanderliegen. In dem winzigen Gebiet einer Springaffengruppe (*Callicebus moloch*), in der nahrungtragende Bäume zufällig verteilt sind, ist die Führerschaft kaum von Bedeutung, denn eine Tagesroute ist ungefähr so ergiebig wie jede andere. Die Gruppe durchquert ihr ganzes Wohngebiet — weniger als 100 m im Durchmesser — in jedem Falle mehrere Male pro Tag.

Für einige Schimpansen- und Mantelpavianpopulationen ist die Situation dagegen weitgehend anders. Letztere legen im Tag durchschnittlich 13 km zurück, eine größere Entfernung also, als jemals bei einer anderen der erforschten Primatenarten gefunden wurde. Die Schlaffelsen der Mantelpaviane liegen kilometerweit voneinander entfernt; in der Trockenheit gilt dies auch für ihre Wasserstellen. Das Wohngebiet einer typischen Herde besitzt dichte Bestände von Akazienbüschen — Akazien sind die Grundnahrung der Mantelpaviane —, doch liegen zwischen den Beständen lange Strecken mageren und steinigen Graslandes, das mehrere Monate im Jahr völlig trocken ist. Unter diesen Umständen könnten die Anstrengungen der Nahrungssuche die Kräfte der schwächeren Herdenmitglieder erschöpfen. Die 9 bis 15 km langen Tagesmärsche unserer Trupps in der Danakilebene liegen wohl nahe der oberen Leistungsgrenze eines kleinen Juvenilen. Routen von erträglicher Länge, die bei einem Felsen beginnen und wieder bei einem Felsen enden, wenigstens einmal

Die Führung der Gruppe

an einer Wasserstelle vorbei führen und ein oder zwei genügend reichhaltige Futtergründe durchqueren, sind nicht allzu häufig.

Daher erfordert die tägliche Nahrungssuche dieser Art so etwas wie eine Planungsfunktion. Dies wiederum macht es notwendig, daß wenigstens einige Angehörige der Herde Bescheid wissen über Lage und gegenwärtigen Zustand der Ressourcen. Um den Plan für die Route zu optimieren, müßten die leicht voneinander abweichenden Informationen aller Mitglieder gesammelt und ausgewertet werden. Dies ist aber kaum möglich, da die Primaten wohl nicht in der Lage sind, einander Mitteilungen über entfernte Futterhaine und Wasserlöcher sowie über deren letzten Zustand zu machen. Wir haben bereits erwähnt, daß ein Primat den zum Aufbruch bereiten Trupp über einen ergiebigen Ort nur unterrichten kann, indem er durch Blicke und Verschiebungen die Richtung angibt, in die er zu gehen beabsichtigt, und möglicherweise die Stärke seiner Motivation.

Eine Alternative zu diesem Vorgehen bestünde darin, einem gut informierten Leittier zu folgen. Überraschenderweise scheint diese Lösung bei den Primaten selten zu sein. Bei den Anubis- und den Gelb-Pavianen z.B. wird der Aufbruch von vielen Tieren, abwechselnd Männchen und Weibchen, angeführt. Die Führerschaft durch ein ausgewachsenes männliches Tier ist üblicher bei Arten mit Einmann-Gruppen. Bei den Dscheladas und Hamadryas wird die Einmann-Gruppe in der Regel von ihrem Gruppenführer angeführt; aber selbst hier können weibliche Tiere vorübergehend die Führung übernehmen. Bei den Einmann-Gruppen der stark dimorphen Husarenaffen obliegt die Führung der Gruppe und der Aufbruch zum Tagesmarsch in der Mehrheit den weiblichen Tieren, während das Männchen seine Späherposition am Rande der Gruppe einnimmt.

Die Berggorillas liefern das deutlichste bisher bekannte Beispiel der in einem einzigen Individuum konzentrierten Führung. Ein einzelner Silberrücken-Mann hat gewöhnlich die Führung inne, wenn die Gruppe sich schnell fortbewegt. Vor dem Aufbruch „nimmt der Führer gelegentlich eine charakteristische Haltung ein, die allem Anschein nach als Signal für die anderen Mitglieder der Gruppe gilt und den unmittelbar bevorstehenden Aufbruch anzeigt. Er wendet den Blick in eine bestimmte Richtung und steht bis zu 10 Sekunden regungslos da, die Vorder- und Hinterbeine weiter als normal auseinandergereckt" (Schaller, 1963). Gelegentlich gibt er einige kurze, kräftige Grunzlaute von sich, auf die die Gruppe damit antwortet, daß sie sich in seiner Richtung in Bewegung setzt.

In der Regel jedoch werden Primatengruppen von mehreren ausgewachsenen Tieren gemeinsam geführt. Das heißt, die tatsächliche Route ist das Ergebnis eines Kompromisses. Erstaunlicherweise lassen sich praktisch niemals Anzeichen aggressiver Konflikte zwischen Gruppenangehörigen mit unterschiedlichen Richtungsabsichten feststellen. Angesichts der ökologischen Notwendigkeit entscheiden die Primaten über den Verlauf ihrer Aktivität ohne Einsatz auch nur der schwächsten Drohgeste, zumindest ist dies bisher noch niemals beobachtet worden. Die Mitglieder einer Gruppe auf dem Marsch können jedoch in verschiedene Richtungen streben und ziemlich starr an ihren Intentionen festhalten. Ich habe einmal in einer kleinen, nur aus zwei Einmann-Gruppen bestehenden Mantelpavianbande ein solches Ringen beobachtet. Den beiden männlichen Tieren gab ich die Namen Circum und Pater. Die Bande verließ ihren Felsen kurz nach 7 Uhr morgens. Circum, der jüngere der beiden Männchen, „schlug" sofort eine Nordrichtung „vor". Mein Protokoll enthält den folgenden Bericht:

07.30 Circum stößt einen Kontaktlaut aus und geht, dem Flußbett folgend, nach *Norden*. Wieder folgt ihm die ganze Gesellschaft 20 m weit und hält dann an.

07.31 Circum erhebt sich erneut, wirft einen kurzen Blick zurück zu Pater und geht dann weitere knapp 30 m nordwärts. Niemand folgt ihm. Er hält an, kommt zurück, bis er nur noch 20 m von dem ihm am nächsten sitzenden Weibchen seiner Gruppe entfernt ist, und setzt sich. Die ganze Zeit über hat Pater ihn beobachtet.

07.32 Circum erhebt sich, wendet sich nach *Westen* und quert das Flußbett. Nur sein jüngstes Weibchen folgt ihm. Nach ein paar Sekunden kommen beide den halben Weg zurück und setzen sich.

07.33 Circum zieht wiederum los, diesmal in *südwestlicher* Richtung. Jetzt erhebt sich Pater, und die ganze Gesellschaft folgt Circum.

07.40 Auf dem linken Flußufer angekommen, beginnt Circum von neuem, sich nach Norden zu wenden. Die anderen folgen ihm. Nach ungefähr 100 m lassen sich alle nieder, erklettern dann eine Akazie und machen sich daran, die Blüten zu fressen.

07.58 Pater klettert vom Baum herunter und läßt sich neben dem Stamm nieder, das Gesicht nordwärts gerichtet. Sofort kommt Circum vom Baum herunter; er bleibt eine Sekunde nahe bei Pater stehen, wobei sich beide das Gesicht zuwenden. Dann geht Circum in Richtung Norden weiter. Pater läßt die Weibchen und Jungtiere an sich vorbeiziehen und folgt dann am Schluß der Kolonne. 20 m weiter halten alle an.

08.07 Circum erhebt sich, schaut zurück und zieht weiter. Alle folgen. Nach ein paar Metern biegt er nach rechts ab, führt die Herde an das rechte Flußufer zurück und zieht weiter in Richtung Norden. Daraufhin begibt sich Pater langsam an die Spitze der Kolonne. Zehn Meter weiter überholt er Circum, und sowie er selbst die Spitze erreicht hat, wendet er sich nach Westen zurück zum linken Ufer. Die Linie der Weibchen und Jungtiere schwingt wie eine Schnur um ihn herum nach Westen. Circum, am anderen Ende der Schnur, geht einige Schritte weiter nach Norden, folgt dann aber den anderen quer durch das Flußbett. Zum ersten Mal ist die Marschordnung umgekehrt: Pater, Paters einziges Weibchen, Circums Weibchen und Circum. Die Jungtiere zappeln neben der Kolonne her. Pater führt den Trupp jetzt westwärts und dann nach Südwesten. (Man beachte, daß dies die Richtung war, in der er Circum um 07.33 schließlich gefolgt ist.)

Fast den ganzen Tag über versuchte Circum die Bande nach Norden zu führen, wohin vor ein paar Tagen der Rest der Herde gezogen war. Dem widersetzte sich der ältere und einflußreichere Pater, der auf einem Marsch nach Südwesten bestand. Infolgedessen zeigte die Route ein seltsames Zick-zack-Muster, doch gaben die beiden Männchen niemals irgendwelche Anzeichen von Ungeduld oder Aggression zu erkennen, noch trennten sich die beiden Gruppen. Um 2 Uhr nachmittags schließlich gab Circum seine Nordroute auf und marschierte der Bande voran in die Richtung, die den Absichten des älteren Männchens zu entsprechen schien.

Eine ganz andere Frage ist die, auf welche Weise die Primaten Informationen über den gegenwärtigen Zustand der Nahrungsquellen erhalten. Wenn Brüllaffen in einer ihnen unbekannten Gegend an einen Punkt kommen, an dem sie sich für einen von mehreren möglichen Wegen entscheiden müssen, dann erkunden alle ausgewachsenen männlichen Tiere gleichzeitig die verschiedenen möglichen Baumpfade. „Findet einer von ihnen eine geeignete Route, so gibt er tiefe Schnalzlaute von sich; darauf beginnen die Weibchen und Jungtiere ihm langsam zu folgen, die übrigen Männchen stellen ihr Erkundungsverhalten ein und schließen sich der weiterziehenden Kolonne an" (Carpenter). Das heißt also, daß die Brüllaffen zumindest über die weniger vertrauten Strecken der Route nicht bereits vor dem Aufbruch entscheiden; die Alternativen werden erst an Ort und Stelle sondiert. In einem Brüllaffen-Territorium, das nur ungefähr 650 m im Durchmesser mißt, stellt dieses Vorgehen eine akzeptable Lösung dar. Bei den Mantelpavianen würden die von den auskundschaftenden Männchen zu bewältigenden Entfernungen offensichtlich das Maß des Erträglichen überschreiten; die Kundschafter müßten sich so weit entfernen, daß keine Verbindung mit der wartenden Herde mehr möglich wäre; sie müßten dann also zurückkehren. Abgesehen vom Zeitfaktor ist es unsicher, ob die Paviane mit ihrer ausgeprägten Rangordnung zu einem Entscheidungsprozeß nach Art der Brüllaffen fähig wären, der ohne Rücksicht auf den Rang des Entdeckers dem aussichtsreichsten Pfad den Vorzug zu geben scheint.

Die Schimpansen wiederum scheinen von dem Instrument des Kundschaftertrupps wirkungsvoll Gebrauch zu machen. Ich habe bereits Vernon Reynolds zitiert. Er berichtet, daß auf Nahrungssuche befindliche Schimpansen im Budongo-Urwald in Uganda andere Teile der Gemeinschaft über Entfernungen von bis zu zwei Meilen herbeirufen können. Schimpansentrupps, die sich an einem futterreichen Baum treffen, lassen einen Chor von lauten Rufen und weithin schallende Schläge gegen die Brettwurzeln von Bäumen ertönen. Reynolds ist der Ansicht, das heftige Trommeln teile anderen Trupps in dem Gebiet den Ort der Futterstelle mit.

In der Halbwüste ist der Durchmesser eines Tagesmarsches größer als die Tragweite selbst des lautesten Gebells eines Kundschaftertrupps. Bei der Entscheidung über die Richtung ihres Abmarsches müssen die Mantelpaviane sich auf die Information verlassen, die sie auf vorangegangenen Streifzügen gewonnen haben. Wir wissen nicht, auf welche Weise und von wem die Futterplätze erkundet und im Gedächtnis behalten werden; aber wir wissen, daß an den meisten Morgen die verschiedenen Männchen einer Herde in verschiedene Richtungen streben. Die schließlich gewählte Richtung ist das Ergebnis eines langen Entscheidungsprozesses, an dem sich die Mehrzahl der männlichen Tiere der Herde beteiligt. Ich habe schon beschrieben, auf welche Weise eine Hamadryasherde sich während ihrer Morgenrast auf den Abmarsch vorbereitet. Die Herde voll-

Die Führung der Gruppe

führt, ohne sich von der Stelle zu bewegen, langsame Bewegungen und verändert dabei ihre Gestalt wie eine Amoebe. Hier und da entfernen sich männliche Tiere ein paar Meter von der Herde und lassen sich dann nieder, den Blick vom Zentrum der Herde weg in eine bestimmte Richtung gewendet. Solche Pseudopodien werden im allgemeinen von den jüngeren erwachsenen Männchen und ihren Gruppen gebildet. Eine Zeitlang dringen Pseudopodien vor und ziehen sich wieder zurück, bis einer der älteren Männer in der Mitte der Herde sich erhebt und auf eins der Pseudopodien zuschreitet. Darauf gerät die ganze Herde in Bewegung und bricht in seiner Richtung auf. Bei genauer Beobachtung zeigt sich, daß bei der Führung der Hamadryasherde zwei männliche Rollen wesentlich sind: die der jüngeren Initianten, die bestimmte Richtungen „vorschlagen", und die der Entscheidenden, welche unter den vorgeschlagenen Richtungen auswählen. Wir haben daher von einem „I-E-System" gesprochen. Während die Herde als ganzes den Initianten nur geringe Aufmerksamkeit widmet, folgt sie sofort dem die Entscheidung treffenden Tier. Das I-E-System findet sich ebenfalls bei im Urwald lebenden Anubispavianen Ugandas. In dieser Population sind es jedoch erwachsene weibliche Tiere, die die Entscheidung treffen, während die Männchen sich auf die Rolle der Initianten beschränken.

Interessanterweise ist das I-E-System kein starres Merkmal der Hamadryas-Organisation. 1968 beobachteten wir eine Hamadryasherde, mit der wir uns bereits 1961 und 1964 beschäftigt hatten. Damals hatte sie deutlich den I-E-Prozeß erkennen lassen, während wir 1968 fast keine Spur der früheren Gewohnheit mehr fanden. Statt daß Pseudopodien vordrangen und sich wieder zurückzogen, brach die Herde jetzt ohne viele Umstände von ihrem Ruheplatz über dem Felsen auf. Die männlichen Tiere schienen sich über die Richtung des Abmarsches ziemlich einig zu sein. Wir haben keine Erklärung für diesen Wandel. Sicherlich besteht keine Notwendigkeit, eine neue Tradition zu postulieren. Die Futtersituation mag sich geändert haben, oder vielleicht konnte ein einflußreiches Leittier die Herde jetzt ohne viel Widerstand seitens der anderen Männchen führen. Beobachtungen in freier Wildbahn haben wiederholt gezeigt, daß eine Primatenart geographische Variationen in der Organisation aufweisen kann. Unsere Erfahrung deutet an, daß sogar dieselbe Herde ihr soziales Verhalten ändern kann entsprechend den Eigenschaften ihrer jeweiligen Mitglieder. Ein Gruppenprozeß kann in einer neuen Generation eine unterschiedliche Form annehmen, ohne daß irgendwelche Veränderungen im Genbestand oder in der Tradition zugrundeliegen, lediglich deshalb, weil jede Generation von Gruppenangehörigen eine neue Kombination der alten Eigenschaften darstellt.

In dem vollständigsten ökologischen Bericht über eine Primatenart, den es gegenwärtig gibt, weisen Stuart und Jeanne Altmann (1970) darauf hin, daß die Gelb-Paviane des Amboseli-Nationalparks die Benutzung ihres Wohngebiets ändern, je nachdem, welche Erfahrungen sie an bestimmten Orten gemacht haben: „Eins der Schlaf-Gehölze ... wurde verlassen, nachdem zwei Angehörige der Gruppe dort von einem Leoparden getötet worden waren. Obwohl dieses Gehölz an 13 von 57 vorhergegangenen Abenden als Schlafstelle bezogen worden war ..., wurde es in den darauffolgenden 68 Nächten, für welche wir Daten über die Schlafplätze besitzen, kein einziges Mal benutzt."

Abgesehen von der Aufgabe, eine futterreiche und sichere Route für den täglichen Streifzug zu finden, müssen die Gruppenmitglieder in dichter Vegetation den Kontakt wahren. Wenn eine Hamadryasbande in weit auseinandergezogener Kolonne abwechselnd zieht und weidet, so läßt sich jedes Familienoberhaupt gewöhnlich auf einem etwas erhöhten Platz nieder, von wo es sowohl das vorangehende wie auch das nachfolgende Männchen sehen kann. Rückt ein Männchen weiter vor, so zieht das Leittier der nachfolgenden Einheit in der Regel nach und läßt sich auf dem Platz nieder, den sein Vorgänger eben verlassen hat. Dieses Kettenverhalten scheint den Gruppenzusammenhalt im dichten Busch zu erleichtern. Suchen Paviane in einer dichten Vegetation nur wenige Meter voneinander ihre Nahrung, so verständigen sie sich mit leisen Kontakt-Grunzlauten gegenseitig über ihren Aufenthaltsort. Niedere Affen und Menschenaffen erheben sich, wenn sie in hohem Gras die Umgebung erkunden, aufrecht auf ihre Hinterbeine. Sie können dies mehrere Sekunden lang tun. Bei den Pavianen und der Mehrzahl der im Urwald lebenden niederen Affen antworten die erwachsenen Männchen mit lauten Rufen auf die Anwesenheit anderer Trupps oder Gruppen ihrer Art. Da die Rufe in hohem Maße artspezifisch sind, liefern sie Auskunft darüber, wer sich wo befindet, und halten so die Verbindung zwischen den Gruppen aufrecht.

Zusammensetzung der Gruppe

Die wichtigste einzelne Variable der Gruppenzusammensetzung bei den Primaten ist die Anzahl der ausgewachsenen männlichen Tiere pro Gruppe. In dieser Hinsicht gibt es zwei Grundtypen von Gruppen. Die Meerkatzen, die Makaken, die meisten Pavian-, Languren- und südamerikanischen Arten leben in Gruppen mit vielen männlichen Tieren. Ihre Sozialstruktur erlaubt eine beliebige Anzahl von Männchen pro Gruppe, angefangen mit nur einem einzigen. Im Gegensatz dazu sind Arten mit Einmann-Gruppen ziemlich strikt; in jeder Gruppe der gesamten Population darf es jeweils nur ein einziges ausgewachsenes männliches Tier geben. Einmann-Gruppen kommen an beiden Extremen der auffälligsten ökologischen Skala vor, bei den ausschließlich baumbewohnenden, im Urwald lebenden Meerkatzen und bei den auf dem Erdboden und im offenen Gelände lebenden Arten der Husarenaffen, Dschelada-Paviane und Mantelpaviane. Man weiß bis jetzt noch nicht, welche ökologischen Faktoren für die Existenz von Einmann-Gruppen unter den Waldaffen verantwortlich sind.

Die rigorose Beschränkung auf ein einziges erwachsenes Männchen pro Gruppe bei diesen Arten läßt vermuten, daß ihre Männer hochgradig intolerant gegeneinander sind, zumindest in Gegenwart weiblicher Tiere. Überzählige Männchen werden wahrscheinlich aus den heterosexuellen Gruppen ausgeschlossen. Bei den Husarenaffen zum Beispiel jagen die Gruppenführer überzählige Männchen von der Gruppe fort.

Die überzähligen Männchen können entweder ein Einzelgängerdasein führen, wie dies bei den im Wald lebenden Meerkatzen oder bei den urwaldbewohnenden, aber auf dem Erdboden lebenden Drills der Fall ist, oder sie können sich zusammentun und sogenannte eingeschlechtige Gruppen bilden, wie dies die Dscheladas oder die Husarenaffen tun. Wie Struhsaker feststellt, sind eingeschlechtige Gruppen von männlichen Tieren typisch für die im offenen Gelände lebenden Arten, während ein Einzelgängerdasein für die Waldaffen typisch ist. Diese Tendenz bildet eine Parallele zu dem allgemeinen Trend zu größeren Gruppen in offenen Biotopen und kann eine Anpassung an einen höheren Raubtierdruck oder an die bessere Sicht im offenen Gelände darstellen. Die Raubtier-Hypothese ist unwahrscheinlich bei Arten wie den Husarenaffen, die es sich leisten können, die reproduktiven Gruppen lediglich durch ein einziges männliches Tier zu schützen. In ihrem Verhältnis zu den heterosexuellen Gruppen rangieren die „überzähligen" Männchen irgendwo zwischen völliger Isolierung und einem Leben am Rande der heterosexuellen Gruppe.

Einer der möglichen ökologischen Effekte der Einmann-Gruppe ist bereits erwähnt worden: Mit nur einem einzigen männlichen Tier in der Gruppe wird die Futterkonkurrenz für die Weibchen auf ein Minimum reduziert. Unter manchen anderen ökologischen Gesichtspunkten liegt die adaptive Bedeutung der Einmann-Gruppe wohl nur in ihrer geringen Größe. Eine weitere Funktion zeigt sich bei den Mantelpavianen, bei denen — wie wir sehen werden — das Männchen seine Weibchen als ausschließlichen Besitz beansprucht. Als wir für unsere Freilandexperimente erwachsene Hamadryasweibchen fingen, provozierten wir dabei regelmäßig wütende Drohungen und Scheinattacken eines bestimmten Männchens der Herde. Solch ein einzelnes männliches Tier, offensichtlich der „Besitzer" des gefangenen Weibchens, pflegte uns im Abstand von nur 7 Metern oder noch dichter zu folgen, wenn wir das Weibchen fortbrachten. Alle anderen Männchen der Herde, obwohl ebenfalls erregt, hielten einen sicheren Abstand von rund 20 Metern. Dagegen sind Anubisweibchen mit keinem Männchen ihrer Gruppe ausschließlich assoziiert; sie wurden auch kaum je „verteidigt", wenn wir sie gefangen hatten. Die Anubismännchen reagierten gewöhnlich so, daß sie sich mit der Gruppe zurückzogen und von weitem zusahen, wie das Weibchen abtransportiert wurde. Somit wird das Hamadryasweibchen, wenn seine Gruppe sich allein auf Futtersuche macht, nur einen einzigen männlichen Beschützer haben, aber wahrscheinlich wird dieser es mit ungewöhnlicher Heftigkeit verteidigen.

In den vergangenen zehn Jahren haben Ethologen gelegentlich Diskussionen darüber geführt, ob ein hoher Grad innerartlicher Aggression in einem kausalen Zusammenhang mit dem Jagen und Töten von Beutetieren oder mit der aktiven Verteidigung gegen Raubtiere stehe. Die Korrelationen sind im allgemeinen nicht ganz überzeugend. Im Fall der beiden Pavianarten ist jedoch ein Zusammenhang zwischen sozialer Verteidigung und der Verteidigung gegen Raubtiere wahrscheinlich. Das Hamadryasmännchen kämpft unnachgiebig gegen jedes andere Männchen, das sich eins seiner Weibchen anzueignen versucht, während Anubismännchen nur selten um Weibchen kämpfen. Ein Hamadryasmann wird eher riskieren, seine Bande zu verlieren, als daß er eines seiner Weibchen im Stich ließe, wenn es wegen Verletzungen oder Krankheit nicht in der Lage ist, ihm zu folgen; im Gegensatz dazu warten Anubispaviane, zumindest im Naturpark von Nairobi, nicht auf kranke Gruppenangehörige. In diesem Beispiel scheint die stärkere soziale Bindung gegen soziale Rivalen wie auch gegen den Räuber Mensch wirksam zu sein.

Einiges läßt darauf schließen, daß das Zahlenverhältnis zwischen erwachsenen Männchen und erwachsenen Weibchen von der Art des Biotops beeinflußt wird. Erhebungen bei Populationen von Anubispavianen, Grünen Meerkatzen (*Cercopithecus aethiops*) und Indischen Languren (*Presbytis entellus*) zeigen unabhängig voneinander eine Tendenz zu einem größeren Anteil erwachsener Weibchen in Populationen, die unter intensiver jahreszeitlicher Schwankung des Futterangebots leben. Wir wissen nicht, wie dieses Verhältnis erreicht wird, der Trend kann jedoch als adaptiv betrachtet werden, da eine periodischem Futtermangel unterworfene Population ein starkes Reproduktionspotential benötigt, um jahreszeitlich bedingte Verluste zu ersetzen. Dies könnte durch eine Zunahme der Zahl der sich fortpflanzenden Weibchen im Verhältnis zu der Zahl der Männchen erzielt werden.

Adaptive räumliche Anordnungen

Räumliche Anordnungen innerhalb der Gruppe

Eine Gruppe von Primaten kann sich abwechselnd zerstreuen oder versammeln. Entsprechend den Beobachtungen der Altmanns versammeln sich die Gelb-Paviane in Amboseli unter den folgenden Umständen: (1) bei Zusammentreffen mit potentiellen Räubern; (2) als Reaktion auf intensive Warnrufe einer anderen Paviangruppe vor einem Räuber; (3) während eines falschen Alarms; (4) wenn ihnen andere Paviangruppen oder Masai-Rinder zu nahe kommen; (5) in Gegenden mit dichtem Unterholz; (6) vor Durchqueren einer kritischen Stelle im Gebüsch; (7) auf einer unbekannten Wegstrecke; (8) als Reaktion auf ein räumlich begrenztes Angebot, wie eine Wasserquelle oder den Schatten eines Baumes; (9) beim oder kurz vor dem Aufbruch der Gruppe; (10) am Abend, kurz vor dem Bezug eines Schlafbaum-Gehölzes; (11) während der „sozialen Sitzungen" morgens und abends. Die ersten sieben Situationen sind akute oder potentielle Bedrohungen für die Gruppe. Die Situationen (9) und (10) sind Zeiten, in denen wichtige „Entscheidungen" getroffen werden. Im Gegensatz dazu zerstreuen sich die Gruppen in offenem, sicherem und vertrautem Gelände.

In kritischen Situationen können auf dem Boden lebende Primaten sich so verteilen, daß Weibchen und Jungtiere durch einen Schild ausgewachsener und subadulter Männchen vor einer möglichen Gefahr geschützt werden. Dscheladaherden ziehen während ihrer Märsche häufig am oberen Rand eines Felsabsturzes entlang. Bei Gefahr verlassen sie die Hochebene und hangeln sich eiligst in die Felsen hinunter. Während des normalen Vorwärtsmarschierens halten sich Weibchen und Jungvolk am dichtesten am Rand der Felsen, während die Männchen einen Schutzwall zum Binnenland hin bilden, von wo sich Hunde oder Menschen nähern könnten (Abb. 3.6). In der offenen Savanne des Naturparks von Nairobi sind die Anubisgruppen jedoch in jeder Richtung von am Rande sichernden Männchen umgeben. Die im Wald lebenden und vermutlich weniger gefährdeten Anubisgruppen, die in Uganda beobachtet wurden, zeigen keine solche dem Schutz dienende Marschordnung.

Wenn eine Einmann-Gruppe von Mantelpavianen unterwegs ist, so bilden die Weibchen eine Linie, die von ihrem eigenen Männchen weg auf die nächste Einmann-Gruppe hinzielt, wobei die Männchen also an den Enden gehen. Sobald jedoch zwei Männchen sich bedrohen oder miteinander zu kämpfen beginnen, so formt sich die Aufstellung zu einer zentrifugalen Anordnung um: die Weibchen reihen sich ebenfalls wieder im „Gefahrenschatten" ihres Männchens auf, diesmal aber von den Kämpfern in der Mitte fortstrebend nach außen.

Alle diese speziellen Anordnungen sind auf Spannungssituationen, und zwar solche sozialer oder ökologischer Natur, beschränkt. Die entspannte Primatengruppe verteilt sich je nach „persönlichen Freundschaften" und nach der vorhandenen Nahrung und weniger nach Geschlechts- und Altersklassen.

Räumliche Verteilung zwischen Gruppen

Die typische Primatengruppe hält sich von ihren Nachbarn fern und ist an ein bestimmtes Wohngebiet gebunden. Die Funktion einer solchen räumlichen Anordnung ist eine geordnete Verteilung der ortsgebundenen Ressourcen. Abgesehen davon macht eine Gruppe, die auf ihrem Platz bleibt, es ihren Mitgliedern möglich, sich gründlich mit der Topographie von Umweltangeboten und Gefahren bekannt zu machen. Solch ein räumliches Arrangement verlangt dreierlei: den Zusammenhalt in der Gruppe, die Trennung verschiedener Gruppen voneinander und die Bindung jeder Gruppe an ein bestimmtes Stück Land. Primatengruppen scheinen sich aufgrund verschiedener Kombinationen von zwei Mechanismen — man kann sie als räumlich und sozial bezeichnen — voneinander fernzuhalten und in ihren jeweiligen Bereichen zu bleiben. Die räumlichen Mechanismen beruhen auf der Tatsache, daß die Primaten wie viele andere Tiere gewöhnlich unsicher und fluchtbereit werden, wenn sie sich in unbekanntes Gelände begeben. Von den Brüllaffen in Barro Colorado berichtete Carpenter in seiner als Pionierleistung geltenden Studie von 1934: „Die Lage von Futter- und Wohnbäumen wie auch die besten Baumrouten im Territorium einer Gruppe werden gelernt und gewinnen eine positive Anziehungskraft für die Tiere. Wenn ein Klan (d.h. eine Gruppe) sich dem Rand seines Territoriums nähert, und Pfad sowie Ziele immer unbekannter werden, so entsteht Frustration, das Marschtempo verlangsamt sich, und die Gruppe orientiert sich neu in Richtung auf die vertrauten Pfade und besser bekannten Ziele."

Hamadryas-Banden lassen bei Betreten eines ihnen nicht vertrauten Schlaffelsens eine ähnliche Tendenz erkennen. Finden sie den Felsen bereits von anderen Tieren besetzt, mit denen sie sich nicht vertragen, so ziehen sie sich zurück, selbst wenn sie ihnen zahlenmäßig weit überlegen sind. In der Nähe ihres gewohnten Felsens erlauben Mantelpaviane einem Menschen, sich bis auf ungefähr 50 Meter zu nähern. Derselben Person weichen sie in weniger vertrautem Gelände auf 100 und mehr Meter aus. Wenig vertraute Grenzgebiete werden also gemieden; betreten die Tiere sie aber dennoch, so weichen sie Begegnungen aus.

Man kann nun folgern, die abschreckende Wirkung unbekannter Grenzzonen müsse ausbleiben, wenn die Wohngebiete sehr klein sind, wie dies bei reichen immergrünen Wäldern die Regel ist. Bei einem Gruppen-Wohngebiet von weniger als einer Quadratmeile könnte jede Gruppe sich eingehend mit einem Gelände vertraut machen, das sehr viel größer ist als das Gebiet, das für ihren Unterhalt tatsächlich notwendig ist. Ist die Gruppe sehr klein und benötigt nur einen Bruchteil des Geländes, das sie zu durchstreifen vermöchte, so wird dieser Effekt noch drastischer sein. Gerade bei solchen kleinen waldbewohnenden Gruppen findet man tatsächlich statt des gegenseitigen Ausweichens das sogenannte Territorialverhalten. Ein Territorium ist definiert als das Gebiet, das ein Individuum oder eine Gruppe gegen andere Artgenossen verteidigt und auf dem sich dieses Individuum bzw. diese Gruppe somit die ausschließliche Nutzung des Umweltangebots sichert. Die Gibbons wie die Springäffchen (*Callicebus*), beides Baumbewohner, sind typische Beispiele (Abb. 3.9). Ihre Gruppen bestehen aus je einem ausgewachsenen Paar und seinen Jungen. Vieles läßt darauf schließen, daß die kleinen Einmann-Gruppen einiger baumbewohnender Meerkatzenarten sich ebenfalls territorial verhalten.

Bei Populationen mit Territorialverhalten treffen die Nachbargruppen sich fast täglich in der Nähe ihrer gemeinsamen Grenzen, gelegentlich zu gewohnten Stunden und an gewohnten Orten. Da sie bekannte Nachbarn auf bekanntem Gelände treffen, verliert die allgemeine Tendenz, das Unbekannte zu meiden, ihre trennende und zurückhaltende Wirkung. Das Ausweichen tritt nun als Folge von Aggression auf, wobei die aggressiven Handlungen jedoch vorwiegend zu harmlosen Formen ritualisiert sind: Die Tiere, vor allem die ausgewachsenen Männchen, stürmen wild durch die Zweige, schütteln sie und brechen sie ab. Dabei wird viel geschrien und gelärmt. Bei einigen Arten treten diese Darbietungen auch auf, wenn die

Adaptive räumliche Anordnungen

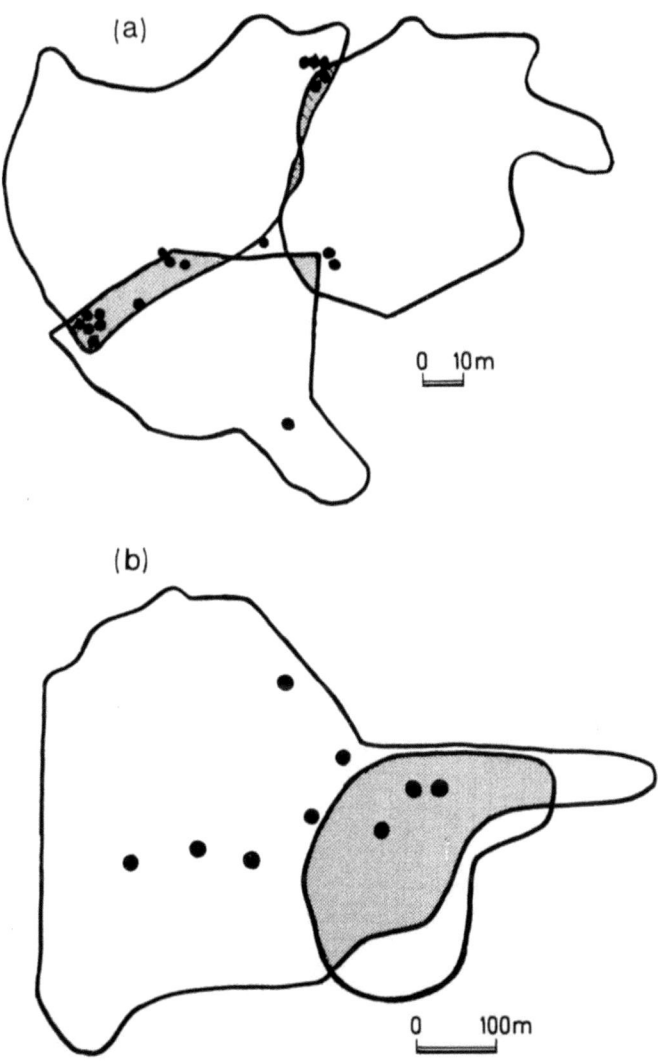

Abb. 3.9. (a) Benachbarte Territorien von drei Callicebus moloch-Gruppen. Feindliche Zusammenstöße (●) zwischen Gruppen kommen überwiegend in der Nähe der schmalen Zonen (schraffiert) vor, in denen sich zwei Territorien überschneiden. (Nach Mason, 1968). (b) Stark überlappende Wohngebiete von zwei Langurengruppen (*Presbytis entellus*) in Ceylon. Aggressive Begegnungen sind nicht auf die Überlappungszonen beschränkt und haben wahrscheinlich keine territoriale Funktion. (Nach Ripley, 1967)

Gruppen weit voneinander entfernt sind, und zeigen damit den Nachbarn den Standort der Gruppen an.

Ich vermute, daß territoriales Verhalten zumindest zum Teil von Wohngebieten hervorgerufen wird, die so klein sind, daß auch die benachbarten Gebiete und Gruppen vertraut und somit attraktiv werden. Diese Meinung wird gestützt zuerst von psychologischen Daten, nach denen die Anziehungskraft in der Regel mit wachsender Vertrautheit zunimmt. Zudem gibt es zwei Primatenarten, die bestimmte Elemente territorialen Verhaltens praktizieren, dies aber nur in Gegenden tun, in denen ihre Wohngebiete ungewöhnlich klein sind. Die grauen Languren (*Presbytis entellus*) Indiens und Ceylons sind in unterschiedlichen und weit voneinander entfernten Biotopen, von feuchten, laubwechselnden Wäldern bis zu trockenen und buschartigen Wäldern mit Lichtungen, beobachtet worden. Die beträchtlichen Unterschiede in der sozialen Organisation zwischen den Populationen betrafen Variable wie die Größe der Wohngebiete, die Beziehungen zwischen Gruppen, die Stärke des Dominanzverhaltens sowie die Beziehung zwischen Jungtieren und erwachsenen Männchen. In Tabelle 3.1 ist die Originaltabelle aus Yoshibas vergleichendem Bericht wiedergegeben. Der Leser wird eingeladen, sich diese gründlich anzuschauen und dann zu versuchen, Hypothesen über die adaptive Funktion der Verhaltensvarianten in den drei Biotopen aufzustellen. Die Erfahrung, die er dabei macht, wird ihm in Erinnerung bringen, daß selbst die besten Daten über die Soziökologie der Primaten immer noch spärlich und zu allgemeiner Natur sind. Zum gegenwärtigen Zeitpunkt können wir nur einige suggestive Zusammenhänge zu interpretieren suchen, während viele andere noch ungeklärt bleiben.

Tabelle 3.1. Unterschiede in Biotop und sozialem Verhalten bei drei Populationen der Indischen Languren (*Presbytis entellus*): Orcha (östliches Zentralindien), Kaukori (Nordindien) und Dharwar (Westindien) (aus Yoshiba, 1968)

Charakteristika	Orcha	Kaukori	Dharwar
Sommer	mäßig	sehr heiß	sehr heiß
Winter	mäßig	streng	mäßig

Tabelle 3.1 (Fortsetzung)

Charakteristika	Orcha	Kaukori	Dharwar
Jährliche Regenmenge	200 cm; 75% während des Monsuns	75–125 cm; 70–80% während des Monsuns	75–125 cm; 90% während des Monsuns
Natürliche Vegetation	Feuchte Laubwälder, deren Bäume während der Trockenheit ihr Laub abwerfen	Trockener Buschwald	Trockener laubwerfender Wald
Einfluß des Menschen	sehr gering	sehr stark	ziemlich stark
Andere wilde Tiere	Tiger, Leopard usw., zahlreich	fast keine mehr	Tiger usw., in begrenzter Zahl
Populationsdichte der Languren	2,7–6 pro qkm	2,7 pro qkm	84–135 pro qkm
Gruppengröße	22 (Durchschnitt)	54	16 (Durchschnitt)
Einmann-Gruppen	nicht häufig	–	häufig
Männchen außerhalb der Gruppen	sehr wenige	einige wenige	viele
Geschlechterverhältnis der adulten Gruppenmitglieder	6 Weibchen pro Männchen	3 Weibchen pro Männchen	6 Weibchen pro Männchen
Wohngebiet einer Gruppe	3,9 qkm; jahreszeitlich bedingte Verschiebung der Kerngebiete	7,8 qkm	0,19 qkm; keine jahreszeitlich bedingte Verschiebung der Kerngebiete

Tabelle 3.1 (Fortsetzung)

Charakteristika	Orcha	Kaukori	Dharwar
Prozentsatz der pro Tag auf dem Boden verbrachten Zeit (ungefähre Angabe)	30—50%	70—80%	20—40%
Abstillalter		11—15 Monate	20 Monate
Verhältnis zwischen männlichen Jungtieren und erwachsenen Männchen		Gespannt, mit geringem Kontakt und wenig charakteristischer Annäherung	Entspannt
Verhältnis zwischen halbwüchsigen und ausgewachsenen Männchen		Gespannt, mit charakteristischer Annäherung	Entspannt
Stellung der subadulten Männchen im sozialen Leben der Gruppe		Äußerst marginal, mit wenig Kontakten mit dem adulten Männchen	nähert sich der des ausgewachsenen Männchens, mit mehr Kontakt
Belästigung des Sexualverhaltens		durch adulte und subadulte Männchen der Gruppe	durch Weibchen der in der Gruppe oder nicht in der Gruppe organisierten Männchen
Dominanzhierarchie der Männchen		Klar definiert und konstant unter den Adulten und Subadulten der Gruppe	Nicht klar zwischen Adulten und Subadulten der Gruppe; definiert aber unstabil unter Adulten außerhalb der Gruppe.

Tabelle 3.1 (Fortsetzung)

Charakteristika	Orcha	Kaukori	Dharwar
Dominanzhierarchie der Weibchen	Beobachtet, aber schlecht definiert		Selten beobachtet
Beziehungen zwischen den Gruppen	Friedlich und tolerant mit seltenen Zusammenstößen		Aggressiv mit häufigen Zusammenstößen
Verhältnis zwischen Männchen der Gruppe und Männchen, die nicht zur Gruppe gehören	Sehr aggressiv; Männchen, die nicht zur Gruppe gehören, werden leicht ausgestoßen		Sehr aggressiv, mit gelegentlich erfolgreichem Eindringen von Männchen, die nicht zur Gruppe gehören, in die Gruppe
Häufigkeit größerer sozialer Umschichtungen	Niedrig		Sehr groß

Am Beispiel der Languren kann man interessanterweise feststellen, daß bei den beiden Populationen mit größeren Wohngebieten (knapp 4 qkm in Orcha und knapp 8 qkm in Kaukori, Indien) die Beziehungen zwischen benachbarten Gruppen „friedlich und tolerant", die Zusammenstöße weniger häufig waren, in zwei Gebieten mit sehr kleinen Wohngebieten (0,19 qkm in Dharwar, Indien, und knapp 0,8 qkm in Polonnaruwa auf Ceylon) Zusammenstöße zwischen den Gruppen häufig und aggressiv waren und langandauerndes Jagen, Ergreifen und sogar wirkliche Kämpfe einschlossen. In einer dieser Populationen (Ceylon) kommt es vor, daß das gegenseitige Jagen quer durch mehrere Wohngebiete fortgesetzt wird (Abb. 3.9). Dies setzt voraus, daß die Verfolger in der Tat mit einem Gelände vertraut sind, das größer als ihr Wohngebiet ist.

Bei zwei Meerkatzen-Populationen (*Cercopithecus aethiops*) zeigt sich dieselbe Verbindung von Kämpfen zwischen den Gruppen und kleinen Wohngebieten. Auf der ökologisch reichen Lolui-Insel im Viktoriasee ist die Populationsdichte groß, und die Gruppen suchen sich ihre Nahrung in relativ kleinen Wohngebieten, die scharf abgegrenzt sind und heftig verteidigt werden. Aus dem kärglichen Biotop in Chobi, nördlich des Sees, wo die Wohngebiete größer sind, wurden keine Kämpfe zwischen den Gruppen berichtet.

Die ökologische Funktion des echten Territorialverhaltens ist in der Definition dieses Verhaltens als der Verteidigung eines Gebietes enthalten. Ellefson führte ins Einzelne gehende Untersuchungen über Zusammenstöße zwischen Gruppen bei den Gibbons durch und kam zu dem Schluß, daß diese Zusammentreffen wirklich eine Verteidigungsfunktion haben. Die Territorien von Gibbons überschneiden sich viel weniger als die Wohngebiete auf dem Erdboden lebender Altweltaffen. Die Überlappungszonen sind nicht breiter als rund 20 bis 75 m. Bezeichnenderweise treten Konflikte zwischen den Gruppen, bei denen die Tiere sich gegenseitig jagen und beißen, nur in den Überlappungszonen auf. Ein Gibbon dringt nicht weiter als ungefähr 100 m in das Territorium seiner Nachbargruppe ein; er tut dies nur, wenn er seinen Nachbarn jagt, und zieht sich dann hastig wieder zurück. Die meisten Konflikte entstehen wegen einer reichen Nahrungsquelle in der Überlappungszone. Ellefson vertritt die Meinung, das Nahrungsangebot der Gibbons sei nicht so reichlich, wie die üppige Urwaldvegetation vermuten läßt. Zu jeder gegebenen Zeit tragen jeweils nur wenige Bäume im Territorium tatsächlich Nahrung für den Gibbon. Wenn Gibbons kämpfen, so verteidigen sie ihren ausschließlichen Zutritt zum Futterangebot ihres Gruppengebietes und zeigen damit ein echtes Territorialverhalten. Da die Form ihrer Gruppenkonflikte relativ unveränderlich festliegt, kommt Ellefson zu dem Schluß, daß das Territorialverhalten eine alte phylogenetische Anpassung der Gattung Gibbon ist. Die Springäffchen (*Callicebus moloch*), welche den Gibbons verwandtschaftlich fernstehen, haben unabhängig von diesen fast dasselbe Syndrom evoluiert.

Die oben erwähnten Gruppenzusammenstöße der Langurpopulationen sind mit Sicherheit keine fest verankerten phylogenetischen Anpassungen, da sie in derselben Art einmal auftreten und einmal fehlen können. Sie sind wahrscheinlich Modifikationen, die von lokalen Umweltbedingungen, wie beispielsweise der Größe des Wohngebietes, induziert werden. Obwohl die Konflikte zwischen Languren wie territoriale Zusammenstöße aussehen, ist ihre Funktion nicht deutlich zu erkennen. Die Kämpfe finden nicht nur in den Überlappungszonen statt wie bei den Gibbons, sondern auch in der Nähe des Kernraums eines Wohngebietes. Das folgende Feldprotokoll von Suzanne Ripley zeigt, wie eine Verfolgungsjagd zwischen Gruppen sich über mehrere Wohngebiete erstrecken kann, was sich schwerlich als territorialer Kampf auslegen läßt.

30. April 1963

08.10 Das Beta-Männchen und das neue subadulte Männchen von Gruppe A stürmen von der Mitte ihres Gebietes an die Grenze. Sie jagen einen Trupp von 5 Männchen und einem weiblichen Tier, der sich in ihrem Gebiet aufgehalten hatte. Dann jagen Beta, Gamma und die beiden neuen subadulten Männchen den Trupp in das Gebiet von Gruppe B_1. Die fremden Angreifer jagen weiter quer durch das Gebiet von B_1 bis in das Gebiet von Gruppe C. Ein aggressives „wuup" ist aus der Richtung von Gruppe B zu hören. Das Gamma-Männchen aus Gruppe A jagt die Eindringlinge durch das Gebiet von Gruppe B_1 bis an die Grenze der Gebiete von Gruppe B_1 und C_1. Dann sucht er sich auf der Spitze eines Pfostens eine günstige Position, starrt in die Richtung, die die Eindringlinge genommen haben und stößt ein lautes drohendes Knurren aus.

09.00 Männchen von Gruppe B und C_1 kämpfen miteinander an der Grenze der Gebiete von Gruppe B_1 und C_1. Dann jagen Männchen von Gruppe C_1 die Gruppe B Hals über Kopf in das Gebiet von Gruppe B. Alle ruhen sich eine kurze Weile aus. Danach mischen sich Männchen von Gruppe B_1 in das Gefecht, indem sie ganz nahe zu rufen anfangen. Die Männchen von Gruppe B setzen nun ihren Rückzug tief in das Gebiet von Gruppe A fort, selbst nachdem Gruppe C_1 vorübergehend aufgehört hat, sie zu jagen. Der Rest von Gruppe B_1 ist nicht zu sehen.

Suzanne Ripley, die 31 solcher Gruppenzusammenstöße in der Population auf Ceylon untersucht hat, vertritt die Meinung, daß „diese Languren die soziale Integrität ihrer Gruppe verteidigen" und nicht ein Stück Land. In diesem Fall hätten ihre Kämpfe eine Funktion, die in größeren Wohngebieten durch die großen Abstände zwischen den Gruppen erfüllt wird. Der Unterschied zwischen der Verteidigung eines Territoriums und der Verteidigung der Gruppenintegrität mag nicht ganz klar sein. Er wird am besten dadurch illustriert, daß man die Situation umreißt, welche den „defensiven" Kampf beispielsweise des dominanten Männchens der Gruppe herbeiführt. Verteidigt dieses das Territorium seiner Gruppe, so wird es einen Außenseiter angreifen, den er im Territorium der Gruppe entdeckt. Dabei ist es gleichgültig, wo sich der Rest der Gruppe zu diesem Zeitpunkt befindet. Verteidigt er aber die Gruppe, so wird er in Wut geraten, wenn er den Eindringling sich unter seine Gruppe mischen sieht, ganz gleich, ob dies im Wohngebiet der Gruppe oder irgendwo sonst geschieht.

Die Kämpfe zwischen Hamadryas-Männchen sind ein gutes Beispiel für Gruppenverteidigung. Das Männchen geht zum Angriff über, wenn es eins der Weibchen seiner Einmann-Gruppe zu nahe bei einem anderen Männchen sitzen sieht. Funktion des Angriffs ist es, die beiden zu trennen, nicht aber, das andere Männchen von einem bestimmten Gelände zu entfernen. Wird eine Einmann-Gruppe gefangengenommen und außerhalb ihres Wohngebietes in der Nähe einer anderen Herde wieder freigelassen, so reagiert das Männchen der Gruppe in genau der gleichen Weise und zeigt damit, daß sein Kampf sich nicht auf einen bestimmten Ort sondern auf die Gruppenmitgliedschaft bezieht. Die Gruppenverteidigung kann bei den Mantelpavianen künstlich provoziert werden, indem man einer Herde auf einem Gelände von wenigen Quadratmetern Futter vorschüttet und dadurch den Abstand zwischen den Einmann-Gruppen verringert. In ähnlicher Weise mögen die Gruppenkämpfe der Languren auf Ceylon ein Resultat ihrer ungewöhnlichen Nähe zueinander sein.

Zu echtem Territorialverhalten und dem gegenseitigen Ausweichen in unvertrauten Grenzgebieten kommt ein dritter, rein sozialer Mechanismus unterstützend hinzu, auf den man durch Beobachtungen in Gefangenschaft aufmerksam geworden ist. Man weiß, daß intraspezifische Aggression auf ein anderes Objekt gerichtet werden kann als auf das, welches die Aggression ausgelöst hat. Ein Affe, der von einem ranghöheren Gruppenangehörigen angegriffen wird, attackiert danach häufig ein ihm unterlegenes Mitglied der Gruppe. Es ist wahrscheinlich, daß zunächst innerhalb der Gruppe entstandene Aggression gelegentlich gegen andere Gruppen, d.h. gegen Fremde, umorientiert wird. So kämpften zwei gefangene Dscheladaweibchen, die gerade erst zusammengebracht worden waren, drei Tage lang immer wieder miteinander, ohne ihr Rangverhältnis klären zu können. Dann wurden einige Jungtiere in das Gehege gelassen. Sofort bedrohten die beiden Weibchen die Neuangekommenen, mit denen sie noch weniger vertraut waren als miteinander. Nach einer Weile taten sich die beiden Weibchen zusammen, und innerhalb von 15 Minuten lausten sie sich zum ersten Mal gegenseitig. Solange sich die Halbwüchsigen im Gehege befanden, kämpften sie nicht mehr. Solch eine umorientierte Aggression kann möglicherweise den Zusammenhalt der Gruppe stärken und gleichzeitig die Trennung zwischen den Gruppen fördern.

Kooperative Jungenpflege

Der Primatensäugling wird hauptsächlich von seiner Mutter betreut. Sie säugt ihn und trägt ihn an ihrem Bauch hängend mit sich herum, wobei das Junge sich mit Händen und Füßen an ihrem Seitenhaar anklammert. Immer wenn die Gruppe von außen her bedroht wird oder innerhalb der Gruppe Streitereien entstehen, eilt die Mutter zu dem Kleinen hin und nimmt ihn an sich. Fängt der Säugling während des Spielens zu quieken an, so bedroht oder verjagt die Mutter die Spielkameraden. Je kleiner das Junge ist, umso häufiger trägt es die Mutter, auch auf langen Wegen. Die Pavianmutter trägt ihr kleines Baby am Bauch hängend, wo sie es, falls nötig, mit dem Arm festhalten kann, während die schon etwas größeren Säuglinge auf dem Rücken der Mutter reiten. Tragetechniken können von Population zu Population verschieden sein. Die Husarenaffenmütter in Uganda sind niemals dabei beobachtet worden, daß sie ihre Jungen anders als am Bauch angeklammert tragen, wogegen die westafrikanischen Husarenaffen auch die Technik des Reitens auf dem Rücken der Mutter kennen. Die Primatenmutter schützt ihr Kind vor den anderen Angehörigen der Gruppe, gegenüber Raubtieren jedoch sind es die führenden Männchen der Gruppe, die die Verteidigung übernehmen.

Bei verschiedenen Primatenarten wird die Mutter von anderen Gruppenangehörigen unterstützt, vor allem von juvenilen Weibchen oder erwachsenen weiblichen Tieren, die gerade keine eigenen Jungen haben. Sie werden zu dem Kind hingezogen und besuchen die Mutter häufig, um das Baby zu beobachten und zu beriechen. Finden sie es neben der Mutter auf dem Boden, so heben sie es auf, spielen mit ihm oder versuchen es zu lausen. Ob die Mutter diese Einmischungen duldet oder nicht, ist von Art zu Art verschieden.

Bei den Languren werden die Jungen schon bald nach der Geburt herumgereicht, wogegen bei den Pavianen, Makaken und Husarenaffen die Mutter ihr Junges bald zurückholt und das Weibchen, das es berühren will, bedroht. Die interessierten Weibchen greifen daher zu subtileren Methoden, um zu ihrem Ziel zu kommen. Bei den Husarenaffen beginnt ein Weibchen etwa, den Arm der Mutter zu lausen, um das Lausen dann langsam und vorsichtig auf das Junge auszudehnen, das sie in diesem Arm hält. In einer in Gefangenschaft lebenden Kolonie von Anubis-Pavianen hatten die Weibchen mit solchen Techniken einen so großen Erfolg, daß schließlich fast alle Mütter je einem Weibchen erlaubten, ihr Kind zu halten und zu lausen. Diese Rolle, die die Ethologen unglücklicherweise als die „Tanten"-Rolle bezeichneten, fiel in der Regel der hauptsächlichen Hautpflegepartnerin der Mutter zu. Einige Mütter gewöhnten sich daran, die „Tante" als Babysitter zu benutzen, während sie selbst anderswo Nahrung suchten. In einem Fall starb die Mutter und die Tante adoptierte das Junge. Unter den Schimpansen sind vor allem die älteren Schwestern des Säuglings begierig, ihn zu halten.

Pflegemütter finden sich jedoch nicht nur unter den weiblichen Tieren. Manche erwachsene Männchen zeigen gelegentliches bis starkes Interesse an den Säuglingen. Häufig kann man ausgewachsene Hamadryasmänner beobachten, wie sie auf dem Marsch ein Junges in ihrer Rückenmähne transportieren. Während der Rastzeiten suchen sich die Säuglinge eifrig gewisse junge erwachsene Männchen aus, von denen sie sich dann ergreifen und umarmen lassen. Auch männliche Tiere können einen Säugling adoptieren. Ein mutterloses Hamadryasjunges wird in der Regel von einem jungen erwachsenen Männchen, das noch keine eigenen Weibchen besitzt, angenommen. Unterwegs trägt dieser das Junge (Abb. 3.10), läßt es sich zum Schlafen in sein Bauchfell kuscheln und paßt auf, daß es sich nicht zu weit fortbewegt. Hamadryasmännchen zeigen eine besonders starke Neigung, Jungtiere zu adoptieren, da die Adoption eines juvenilen Weibchens der erste Schritt zur Gründung eines eigenen Harems ist.

Die Überlebensfunktion der Adoption eines mutterlosen Säuglings ist offensichtlich, doch hat dieses Verhalten auch weniger offenkundige Vorteile für den Adoptierenden selbst. Bei einigen Arten, z.B. den japanischen Makaken (*Macaca fuscata*) scheinen erwachse-

Abb. 3.10. Ein noch junges erwachsenes Hamadryas-Männchen trägt einen mutterlosen Säugling, den es adoptiert hat

ne Männchen mit untergeordneter Rangstellung die Anziehungskraft eines Säuglings zu benutzen, um ihren eigenen sozialen Status aufzuwerten: Wenn sie einen Säugling mit sich herumtragen, werden sie mit größerer Wahrscheinlichkeit in der Nähe der dominanten Männchen geduldet.

Anpassungen an Gelände und Klima

Nahrung, Schlafplätze und Raubtiere sind die ökologischen Probleme, die in Berichten über die Beobachtung von Primaten in freier Wildbahn am häufigsten erörtert werden. In diesem Buch werden wir auf einige weniger auffallende Umwelteigenschaften zu sprechen kommen, gleichgültig, ob die Primaten als Individuen oder als Gesellschaft mit ihnen zu tun haben. Ein ungefähr zutreffendes Bild von den Grenzen der Anpassungen der Primaten läßt sich nur dann gewinnen, wenn man gleichzeitig berücksichtigt, was für mögliche Anpassungen die Primaten *nicht* erreicht haben.

Die Dscheladas der Hochflächen Äthiopiens schlafen und suchen Zuflucht in senkrecht aufsteigenden Felsen, die viele hundert Meter hoch sein können. Das bedeutet, daß ein Sturz mit großer Wahrscheinlichkeit tödlich sein wird. Ich habe zwei Berichte von zuverlässigen Beobachtern gehört, die ein Dschelada-Männchen im Kampf aus einer Felswand abstürzen und im Abgrund verschwinden sahen. Meine eigenen Beobachtungen bringen mich zu der Annahme, daß solche Unfälle durch eine Hemmung gegen heftige Kämpfe an exponierten Orten in Grenzen gehalten werden. In dem Freigehege des Delta Primate Research Center zögerten direkt aus der Wildnis kommende Dscheladamännchen, in den hohen Kiefern Kämpfe auszutragen. Im Gegensatz dazu fing ein im Zoo aufgewachsener Dscheladamann in einem fast 20 m hohen Baum einen Kampf an, stürzte ab und brach ein Bein. Sein aus der Wildnis kommender, überlegener Gegner hatte versucht, den Kampf auf dem Baum zu vermeiden, und überstand den Fall ohne Schaden.

Abhänge mit lockeren Steinen sind in Hamadryas-Biotopen keine Seltenheit. Ziemlich häufig liegen solche Abhänge direkt oberhalb der Schlaffelsen. Mantelpaviane reagieren sofort auf den Ton fallender Steine und weichen geschickt aus, um nicht getroffen zu werden.

Ein ausgewachsener Hamadryasmann wurde dabei beobachtet, wie er einen wegrollenden Stein auffing und in der Hand behielt, bis eine Gruppe von Jungen, die genau unter ihm spielte, sich entfernt hatte. Erst dann ließ er den Stein fallen, der auf dem nun verlassenen Spielplatz aufschlug. Andererseits geben sich die Paviane keine besondere Mühe, durch vorsichtiges Auftreten das Lösen von Steinen zu vermeiden. Dies mag der Ursprung der − allerdings unbestätigten − Berichte sein, Paviane hätten mit Steinen auf sich von unten nähernde Menschen geworfen.

Höhlen werden von keiner der heute bekannten Primatenpopulationen regelmäßig als Schutz bietende Orte aufgesucht, mit Ausnahme einiger südafrikanischer Gruppen von Bärenpavianen, deren Höhlen in unzugänglichen Klippen liegen. Höhlen in flachem Gelände wären nur dann sicher, wenn die Primaten in der Lage wären, Raubtiere abzuwehren, zum Beispiel mit Hilfe von Feuer; andernfalls könnten Höhlen leicht zu Fallen werden. Dagegen sind Felsgesimse, die nach oben hin durch überhängende Felsen geschützt sind, bevorzugte Schlafstellen für Paviane. Sie werden häufig auch bei Beginn eines Gewitters aufgesucht. Die Tiere wissen einen Unterstand wohl zu schätzen, doch meiden sie einen Ort, der nur einen einzigen engen Ausgang hat.

Tiefere Flüsse und Bäche stellen für die Mehrheit der Primaten geographische Barrieren dar. Die großen Menschenaffen können überhaupt nicht schwimmen; die meisten übrigen Affenarten sind niemals beim Schwimmen beobachtet worden. Eine Ausnahme bildet die Gattung Macaca, von der verschiedene Arten gelegentlich schwimmen und tauchen, im Spiel wie auch auf Nahrungssuche. Mantelpaviane durchqueren Flüsse von einer Tiefe bis zu ungefähr 30 cm, indem sie sich entweder vorsichtig einen gewundenen Pfad von geringerer Tiefe suchen oder mit einer Reihe langer Sprünge hindurchsetzen. Die Mütter kennen keine besondere Technik, mit der sie ihre Jungen durch das Wasser tragen, z.B. auf dem Rücken oder Nacken statt unter dem Bauch hängend, und dies bedeutet, daß die Jungen nach jedem Sprung völlig untergetaucht werden. In vielen Gegenden machen Krokodile das Trinken aus trüben Flüssen zu einer ziemlich gefährlichen Angelegenheit. Mantelpavianherden, die zu solchen Flüssen Zugang haben, trinken gewöhnlich nur an Stellen, an denen Felsblöcke das Ufer vom tieferen Wasser trennen.

Zahlreiche Baumaffenarten trinken überhaupt kein Wasser. Das Regenwasser, das sich auf Blättern sammelt, und der Wassergehalt ihrer Nahrung reicht zur Deckung ihres Wasserbedarfs aus. Das andere Extrem bilden Wüstenpaviane, die einen großen Teil des Jahres Trockenkost zu sich nehmen. Sie müssen einmal am Tag Wasser trinken. In der trockenen Jahreszeit werden selbst die übrig gebliebenen Wasserlöcher in den sandigen Flußbetten warm und füllen sich mit Algen. In solchen Fällen graben Mantelpaviane häufig im Sand der Flußbetten — und zwar sowohl direkt neben den offenen Tümpeln als auch an Stellen im Fluß, an denen an der Oberfläche überhaupt kein Wasser zu sehen ist. Das Wasser, das sich in diesen ungefähr 30 cm tiefen Löchern ansammelt, ist kühl und sauber (Abb. 3.11). In der Regel graben die größeren Tiere, trinken und überlassen dann die sich ständig neu füllenden Löcher den Jungen. Die Anubispaviane um den Langano-See in Südäthiopien graben ähnliche Sickerlöcher am Strand des Sees.

Bei schweren Regenfällen verhalten sich die meisten Primaten reglos. Ihre typische Reaktion ist es, still mit gesenkten Köpfen im strömenden Regen zu sitzen. Baumbewohnende Primaten bleiben häufig in dem Laubwerk ihrer Schlafbäume sitzen. Die Paviane drehen ihre Rücken dem Wind zu, und die jüngeren Tiere drängen sich an die Brust der größeren.

Unsere Mantelpaviane rannten nur dann zu den geschützten Gesimsen ihres Schlaffelsens, wenn sie bei Beginn des Regens weniger als etwa 100 m von ihnen entfernt waren. Ansonsten machten sie keinerlei Anstrengungen, trockene Stellen unter Felsen oder Büschen zu suchen. Berggorillas suchen bei Beginn eines heftigen Gewitterregens gelegentlich Schutz unter schrägstehenden Baumstämmen, aber sie entfernen sich dazu nicht mehr als 20-25 m von dem Ort, an dem der Regen sie überrascht hat. Die von den großen Menschenaffen gebauten Nester bieten selten irgendeinen Schutz gegen Regen. Jane van Lawick hat nur ein einziges Mal beobachtet, wie ein Schimpanse ein Nest mit einem Dach baute; dieses Nest wurde in den darauffolgenden Wochen von seinem Erbauer wiederholt bei Regen benutzt.

Hagel ist für die in großen Höhen lebenden Primatenarten, wie den Berggorillas oder den Dscheladas, nichts ungewohntes. Selbst davor sucht keine dieser beiden Arten regelmäßig Schutz. Wir beob-

Anpassungen an Gelände und Klima

Abb. 3.11. Von Mantelpavianen gegrabenes Trinkloch, im Sand eines trockenen Flußbettes

achteten eine große Dscheladaherde, die in aufgelöster Formation auf einem grasbewachsenen Abhang oberhalb der Felsabstürze der Semienberge Nahrung suchte, als ein Sturm mit ziemlich großen Hagelkörnern losbrach. Statt eilig in den nahen Felsen Schutz zu suchen, bildeten die Dscheladas binnen weniger Sekunden dichtgedrängte Haufen von 3 bis 8 Individuen, bis der Hagel vorüber war. Soweit ich erkennen konnte, saß in jedem der Haufen ein ausgewachsenes Männchen, und wahrscheinlich bestand jeder Haufen aus einer Familiengruppe. Jemand, der die Sozialstruktur der Dscheladas untersucht, dürfte Hagel für recht nützliches Wetter halten.

Primaten und Schnee schließen sich in der Regel gegenseitig aus, obwohl japanische Makaken und verschiedene andere Arten kurze Schneefälle überleben. Diese Arten wie auch die Erfahrung, die man mit in nördlichen Regionen gehaltenen Affen gemacht hat, lassen vermuten, daß die Primaten nicht so sehr durch niedrige Temperaturen auf die wärmeren Klimata beschränkt werden, als durch den jahreszeitlichen Mangel an Nahrung, der mit dicken, ausdauernden Schneedecken und kahlen Bäumen einhergeht. Die Tatsache, daß es den Primaten nicht gelungen ist, die bei so vielen niedrigeren Tieren übliche Vorratshaltung von Nahrung zu entwickeln, ist höchst erstaunlich und von entscheidender Bedeutung für ihr Fehlen in Gegenden mit schneereichen Wintern.

Mantelpaviane meiden starken Wind, indem sie sich an windgeschützte Hänge begeben. Bei kaltem Wetter werden ihre Gesichter und Gesäße, die normalerweise leuchtend rot sind, bläulich. Dann drängen sie sich zusammen und sitzen still, mit gesenkten Köpfen, die Arme zwischen Knien und Bauch, den Rücken nach außen gewandt. Die bevorzugte Kuschel-Einheit ist wiederum die Einmann-Gruppe, womit der Mehrzahl der Männchen und allen Weibchen gedient ist. Die subadulten Männchen, denen es nicht erlaubt ist, engen Kontakt mit weiblichen Tieren zu haben, müssen häufig allein sitzen (Abb. 3.12).

Dieser kurze Überblick über das, was die Primaten bei der Bewältigung einfacher ökologischer Gegebenheiten erreicht haben, sollte jeden ernüchtern, der die Meinung vertritt, die Verwandten des Menschen müßten unter den Tieren notwendigerweise in jeder Hinsicht eine hervorragende Stellung einnehmen. Es gibt kaum eine

Anpassungen an Gelände und Klima 87

Abb. 3.12. Mantelpaviane drängen sich an einem kühlen Morgen in Einmann-Gruppen zusammen. Das subadulte Männchen vorn links ist der „Mitläufer" der Gruppe im Vordergrund, ist aber vom Kuscheln ausgeschlossen

Technik zur Bewältigung der physischen Umwelt, bei der die Primaten so spezialisiert und fortgeschritten sind wie beispielsweise die Raubtiere. Im letzten Kapitel werden wir uns mit der verwirrenden Frage befassen, warum die menschliche Technologie aus einer Verwandtschaftsgruppe sehr untechnischer Tiere entstanden ist.

Zusammenfassung:

1. Eine Primatengruppe läßt sich am besten definieren als eine Anzahl von Individuen, die in der Population räumlich zusammenbleiben und untereinander mehr Kontakte unterhalten als mit Außenseitern.

2. Eine ideale Gruppe für die Futtersuche wird vermutlich so viele Tiere umfassen, wie gleichzeitig an einer Ressourceneinheit Nahrung finden. Diese Übereinstimmung dürfte bei weit voneinander entfernt liegenden, lebenswichtigen Angebotseinheiten am wichtigsten sein. Arten, die in kargen Biotopen mit sehr verschieden großen Angebotseinheiten leben, werden dazu neigen, eine flexible „fusion-fission"-Gesellschaft zu bilden.

3. Für das Entdecken und Verscheuchen von Raubtieren sind große Gruppen günstiger als kleine. Bei den Husarenaffen scheint das Umweltsangebot die Bildung großer Gruppen zu verhindern; ihre Lösung liegt in der Kombination der Wächterfunktion des Männchens, der Verstecktendenz der Weibchen und der Fähigkeit zu sehr schnellem Lauf. Bei der Beurteilung des adaptiven Wertes der Gruppengröße muß man jede einzelne Funktion der Gruppe gesondert untersuchen.

4. Handlungen, die vorzugsweise oder zwangsläufig von allen Angehörigen der Gruppe gleichzeitig ausgeführt werden, unterliegen der sozialen Erleichterung. Andererseits scheinen Handlungen, die vorzugsweise von einem oder nur wenigen Gruppenmitgliedern verrichtet werden, durch soziale Hemmungen unterdrückt zu werden.

5. Das Verhalten eines dominanten Tieres hemmt oft dasselbe Verhalten bei rangtieferen Artgenossen. Die Nahrungssuche auf Bäumen dürfte rangtiefere Tiere für ihre Benachteiligung entschädigen: sie können auch die dünneren Äste erklettern, denn diese halten

ihr leichteres Gewicht aus. Die Dominanz sorgt für einen bestimmten Abstand unter den weidenden Tieren. Ranghohe Individuen können die Aufmerksamkeit der anderen Tiere auf sich konzentrieren und werden damit zu potentiellen Leittieren. Nicht alle sozialen Funktionen sind zwangsläufig mit Dominanz korreliert.

6. Die Bedeutung der „Planung" der Tagesmärsche und der Führung wächst mit den zurückzulegenden Entfernungen. Primatengruppen werden im allgemeinen nicht von einem einzigen ständigen Leittier geführt. Eine Ausnahme bilden einige Arten mit Einmann-Gruppen. Die Gruppenmitglieder können deutlich verschiedene Richtungswünsche haben, doch geraten sie in solchen Situationen nicht in Streit. Kundschaftertrupps sind selten. Bei zwei Pavianarten treten Initiative und Entscheidung über die Tagesroute als getrennte Funktionen in Erscheinung. Orte, mit denen negative Erfahrungen verbunden sind, können in der Folge gemieden werden. Bei dichter Vegetation wird der Zusammenhalt der Gruppe durch Kontaktlaute erleichtert.

7. Bei den Springäffchen und Gibbons ist die Verteidigung des Territoriums eine tiefverwurzelte phylogenetische Adaption. Aggressive Zusammenstöße zwischen Gruppen sind ritualisiert und kommen lediglich in der Nähe der gemeinsamen Grenze vor. Bei den Languren wurden Kämpfe zwischen den Gruppen als Modifikation in Gegenden mit sehr kleinen Wohngebieten beobachtet. Dabei sind die Kampfhandlungen wenig ritualisiert und nicht auf die Grenzzone beschränkt. Die Neigung zur Aggression zwischen Gruppen kann durch die Vertrautheit des Geländes und durch die Umorientierung von Aggression beeinflußt werden.

8. Ein Blick auf die ökologischen Techniken des einzelnen Affen zeigt, daß die Primaten, abgesehen von den bescheidenen Leistungen der großen Menschenaffen, ihre Biotope nicht umformen. Somit erhebt sich die Frage, warum das technischste aller Lebewesen sich ausgerechnet aus der Ordnung der Primaten entwickelt hat.

Kapitel IV
Methoden der Anpassung

Der Beitrag des kausalen Aspekts

Bisher haben wir die Vorteile des Gruppenlebens erörtert; nun müssen wir auch untersuchen, welcher Preis dafür zu zahlen ist. Die Erkenntnis, daß ein gegebener Sozialstrukturtyp unter bestimmten Bedingungen adaptiv ist, erklärt nicht, wie diese Sozialstruktur zustande kommen konnte. Unsere eigene Art liefert genügend Beispiele dafür, daß nicht alles, was adaptiv ist, auch möglich ist. Kulturelle Entwicklungen sind wie andere Modifikationen durch das phylogenetische Erbe der Spezies begrenzt, und die phylogenetische Adaptation selbst geht nur langsam vor sich. Ökologische Bedingungen können einem bestimmten Gesellschaftstyp einen Vorteil gewähren, aber sie können der Art nicht sagen, auf welche Weise sie eine derartige Gesellschaft schaffen muß. Diskussionen über Anpassungsfähigkeit hinterlassen uns gelegentlich den Eindruck, jede an einer Spezies beobachtete Eigenschaft müsse selbstverständlich in idealer Weise adaptiv sein, während wir mit Sicherheit nur eines sagen können, daß nämlich diese Eigenschaft tragbar sein muß, da sie nicht zur Ausrottung der Spezies geführt hat. Evolution ist schließlich keine Hexerei.

Schimpansen z.B. leben in einer offenen Gesellschaft, in der man bisher keine großen, genau umrissenen Gruppen gefunden hat. Die Trupps eines umfangreichen Gebietes spalten sich und finden sich in einem ständigen Reorganisationsprozeß wieder anders zusammen. Dies scheint ein ökologisch gesehen ideales System des Zusammenschlusses und der Aufspaltung zu sein, das für jede denkbare Situation entsprechende Gruppengrößen und -zusammensetzungen möglich macht. Erstaunlicherweise ist es in keiner einzigen niederen Affenart gefunden worden. Doch wäre es nicht richtig, daraus den Schluß zu ziehen, eine offene Gesellschaft sei für die niederen Affen nachteilig. Es ist gut möglich, daß sie aus solchen Gesellschaften zwar Nutzen ziehen könnten, sie aber nicht bilden, weil sie mit ihren sozialen Anlagen dazu nicht in der Lage sind. Die Frage läßt sich also nur durch Erforschung der *Ursache* der sozialen Organisation entscheiden.

Nur bei gleichzeitiger Betrachtung der funktionalen und der kausalen Gesichtspunkte kann man feststellen, ob ein Gesellschaftsmerkmal in optimaler Weise adaptiv ist, oder ob es lediglich die nächstoptimale Lösung darstellt, deren die Population mit ihrem ererbten und tradierten Bestand gesellschaftlicher Techniken noch fähig ist. Während der erste Teil dieses Buches den Funktionen von Gesellschaften gewidmet war, werden wir uns jetzt auf ihre Ursachen konzentrieren.

Wenn eine neue oder sich verändernde Umwelt von einer Art die Anpassung einer ihrer Eigenschaften erfordert, so sind oft verschiedene Lösungen möglich, doch ist die zuwandernde oder überlebende Population wahrscheinlich nicht in der Lage, jede dieser Lösungen in nützlicher Frist zu verwirklichen. Eine Lösung ergibt sich zum Teil aus uralten Veranlagungen ihrer stammesgeschichtlichen Gruppe und zum Teil aus jüngeren Anpassungen an ein früheres Biotop. Wenn eine Art sich jetzt erfolgreich anpaßt, indem sie eine strukturelle Veränderung einführt, die von ihrer vorherigen Struktur aus möglich ist, so bildet sie damit eine Komponente ihrer sozialen, verhaltensmäßigen oder morphologischen Organisation um. Das kann immer noch zu einer Disharmonie innerhalb der Organisation führen, so daß andere Komponenten ebenfalls umgestaltet werden müssen, damit von neuem eine funktionsfähige Einheit geschaffen wird. Solche sekundären Angleichungen müssen ebenfalls innerhalb der Möglichkeiten des Ererbten liegen, und die neue Umwelt wird auch von ihnen nicht alle erlauben.

Es genügt daher nicht, einen Fall von adaptivem Verhalten bloß festzustellen. Eine ebenso fesselnde Aufgabe ist es, verstehen zu lernen, wie eine Art die Elemente und Subsysteme, aus denen ihre vorherige Anpassung bestand, nunmehr neu kombiniert, erweitert und reduziert, wie sie innerhalb der Grenzen und auf der Basis ihres ererbten Potentials ihr neues Leben aufgebaut hat. Mit diesem zusätzlichen Gesichtspunkt wird das Interesse der Anthropologen an den Primaten nicht mehr nur vergleichender Natur sein; es wird ihnen eine Hilfe sein bei ihren Überlegungen, welche Teile des Primatenerbes die frühen Hominiden mitbrachten, was damit in ihrer darauffolgenden Geschichte geschah, und was sie damit nicht zu erreichen vermochten.

In diesem Kapitel werden wir zunächst ein Beispiel einer Primatengesellschaft beschreiben, die sich wahrscheinlich phylogenetisch angepaßt hat. Danach werden wir die dabei entwickelten Verhaltensweisen mit den Verhaltensweisen ähnlich organisierter Gesellschaften vergleichen. Schließlich werden wir versuchsweise eine Liste der sozialen Verhaltensweisen aufstellen, welche die Primatengesellschaften zu gestalten scheinen. Der dritte Abschnitt wird ein Beispiel adaptiver Modifikation aufgrund von Tradition bringen, und in Kapitel 5 schließlich werden wir eine vorläufige Methode untersuchen, mit deren Hilfe zwischen den beiden Typen der Anpassung unterschieden werden kann.

Anpassung durch Evolution

Hamadryas: Rekonstruktion einer phylogenetischen Anpassung

Der Mantelpavian soll uns als Beispiel für eine wahrscheinlich phylogenetische Veränderung einer Gesellschaft dienen. Da seine nächsten Verwandten noch leben und bekannt sind, wird es nicht allzu schwer sein, sich ein Bild über den Entwicklungsgang seiner Anpassung zu machen.

Nach ihrer zahlenmäßigen Stärke und geographischen Verbreitung zu urteilen, sind die Paviane eine erfolgreiche Primatengattung. Ihre fünf Arten finden sich über weite Gebiete Afrikas verteilt, in fünf verschiedenen Verbreitungsgebieten vom Urwald bis zur Halbwüste. Morphologisch sind die Paviane Vierfüßer und verbringen einen großen Teil ihrer Zeit auf dem Erdboden. Auf der Nahrungssuche durchstöbern sie das Gras der Savanne nach Wurzeln, Samen, Blättern und Insekten sowie Bäume nach Blüten und Früchten; nur selten töten und fressen sie lebende Gazellen. Wasser brauchen sie jeden Tag. Ihr Leben im offenen Gelände macht sie zur Beute für große Fleischfresser, und da sie weder sehr schnell noch weit laufen können, liegt ihre Sicherheit zuweilen in der Beschützerrolle ihrer großen männlichen Tiere. Die Nächte verbringen sie allerdings in der relativen Sicherheit hoher Bäume oder, in einigen Gegenden, senkrechter Felsen.

Die soziale Organisation der Paviane ist in ganz Afrika ähnlich. Die typische Pavianpopulation teilt sich in Gruppen auf, die dazu neigen, sich ohne territoriale Auseinandersetzungen gegenseitig auszuweichen. Wenn eine Gruppe — die meist 10 bis 100 Tiere zählt — ein Randgebiet ihres Wohngebiets betritt, so neigt die Nachbargruppe auf dieser Seite dazu, sich fortzubegeben. Nicht alle Gruppen sind gleich duldsam zueinander. Manche trinken vielleicht ruhig Seite an Seite aus demselben Wasserloch, während andere in einer ähnlichen Situation nervös reagieren; dann kann es vorkommen, daß die erwachsenen Männchen jeder Gruppe sich dort versammeln, wo die Gruppen sich am nächsten sind. Kämpfe zwischen zwei Gruppen wurden beobachtet, als beide versuchten, sich in demselben Schlafgehölz niederzulassen.

Es gibt innerhalb der Gruppe keine dauerhaften Untergruppen, abgesehen von der Bindung zwischen Mutter und Kind. Wenn ein Weibchen die Ovulationsperiode (Oestrus) ihres Monatszyklus erreicht, so gesellt es sich zur Begattung und gegenseitigen Hautpflege einem Männchen zu. Gewöhnlich bekommt das ranghöchste der interessierten Männchen das Weibchen, aber es ist auch möglich, daß ein Weibchen während eines einzigen Oestrus nacheinander mehrere Männchen als Gefährten hat. In der Regel folgt dieser seinem Weibchen auf Schritt und Tritt. Bei einigen Anubispavian-Gruppen folgen rivalisierende Männchen, die das Weibchen für sich gewinnen wollen, dem Paar überall hin und belästigen es. In anderen Gegenden dagegen behauptet der Gefährte des Weibchens sein Recht, es als einziger zu begatten, ohne Auseinandersetzung. Nach dem Oestrus trennen sich die Partner und nehmen beide wieder ihre gewohnten Beziehungen zu mehreren Mitgliedern der Gruppe auf.

Lediglich eine der fünf Arten, der Mantelpavian, weicht von der üblichen Sozialstruktur der Paviane ab. Alle Hamadryas-Weibchen leben ständig mit einem bestimmten Männchen zusammen, gleichgültig, ob sie im Oestrus oder trächtig sind oder nicht*. Da ein Ha-

---

* Neueste Untersuchungen deuten auf Haremsgruppen auch beim Guinea-Pavian.

madryas-Männchen mehrere Weibchen besitzt, kann er ihnen unmöglich allen folgen; er zwingt sie stattdessen, ihm zu folgen, indem er sie angreift, wenn sie sich zu weit von ihm entfernen. Mehrere dieser Haremsgruppen und ein paar einzelne Männchen bilden eine Bande von der Größe ungefähr einer Anubis-Gruppe. Zwei oder mehrere Banden wiederum bilden eine Herde.

Wie ist es zur Differenzierung der beiden Sozialstrukturen der Paviangattung gekommen? Ihre nächsten Verwandten, die Makaken, sind entsprechend der allgemeinen Pavianstruktur organisiert; in keiner Makakenart sind Haremsgruppen beobachtet worden, Gattenpaare während des Oestrus sind jedoch üblich. Da die Hamadryas als einzige ein abweichendes Verhalten zeigen, und da sie, verglichen mit der Umwelt anderer Primaten, unter extremen physischen Bedingungen leben, ist es am wahrscheinlichsten, daß ihre Organisation eine Spezialisierung jüngeren Datums für ihr trockenes Biotop darstellt. Zu irgendeiner Zeit haben ihre Ahnen in einem günstigeren Biotop vermutlich dasselbe soziale Verhalten wie die anderen Pavianarten gezeigt. Wir wollen diese Hypothese jetzt weiterverfolgen und zu diesem Zweck die Hamadryas mit ihren unmittelbaren geographischen Nachbarn, den Anubispavianen, vergleichen (Abb. 4.1, 4.2).

Als die Ahnen der heutigen Hamadryas sich an ihre neue Halbwüstenumwelt anzupassen begannen, waren sie nicht etwa nur „unbeschriebene" Lebewesen, bereit, jede beliebige Art von Leben zu führen; sie waren Paviane, dazu gebaut, große Entfernungen auf allen Vieren auf dem Erdboden zurückzulegen, statt sich von Baum zu Baum zu schwingen. Sie entgingen Räubern durch Ausnutzung ihres scharfen Sehvermögens und, falls notwendig, durch Flucht, nicht jedoch durch Verstecken. Sie waren in Gruppen bis zu 100 Tieren organisiert und verließen sich auf die Unterstützung der Gruppe, wenn es galt, Geparden und Leoparden einzuschüchtern. Die verschiedenen Gruppen mieden einander, obwohl ein einzelnes fremdes Tier sich einer Herde anschließen und seinen Weg in die Rangordnung der Herde finden konnte. Die Männchen waren doppelt so groß wie ihre Weibchen und sehr wohl in der Lage, Schakale von ihren Jungen fernzuhalten. Sie brachten eine ausgeprägte Rangordnung mit, in der die rangniederen Tiere den ranghöheren wichen, und sie jagten einander häufig und sehr geräuschvoll. Ihre Männ-

Abb. 4.1. Biotop der Anubis-Paviane (*Papio anubis*) oberhalb der Auasch-Fälle; man sieht die Schlafbäume im Galeriewald vom offenen Buschland her. (Fotografie von U. Nagel)

Abb. 4.2. Anubis-Paviane auf der Nahrungssuche in der Nähe des Galeriewaldes. Wie bei den Hamadryas sind die Männchen ungefähr doppelt so schwer wie die Weibchen; die Anubis-Männchen besitzen jedoch nicht die langen grauen Schultermäntel der Mantelpavian-Männer. (Fotografie von U. Nagel)

chen besaßen keine ständigen weiblichen Gefährtinnen, sondern paarten sich nur, wenn das Weibchen brünstig und sexuell empfänglich war.

So sah das Rohmaterial aus, aus dem die Anpassung an das Wüstenleben geformt werden mußte. Jede drastische Abweichung von dem Ererbten war unwahrscheinlich. Die Ahnen der Hamadryas konnten vielleicht die Größe ihrer Gruppen ändern, kaum aber zu einem Leben als Einzelgänger übergehen. Man konnte von ihnen erwarten, daß sie ihre Gesellschaft reorganisierten, aber nicht, daß sie die Rangordnung ganz gegen ein friedliches Futterteilen und eine offene Gesellschaft eintauschen würden. Die angehenden Wüstenbewohner waren außerdem nicht nur Paviane; sie waren höhere Primaten. Sie hätten zwar die Fähigkeit entwickeln können, schneller zu laufen, aber nicht die, Höhlen zu graben, um sich darin vor Feinden zu schützen. Ihre Ahnen hatten vor langer Zeit aufgehört, nachts aktiv zu sein, und ihre Sinnes- und Verhaltensausrüstung hätte es ihnen schwergemacht, zum Leben in der Dunkelheit zurückzukehren. Und schließlich hatten sie, da sie Wirbeltiere waren, noch grundlegendere Merkmale sozialen Lebens ererbt; sie kannten einander als Individuen und waren daran gewöhnt, um einzelne Positionen und Funktionen zu konkurrieren. Eine Gesellschaft wie die der Ameisen, wo Individualität unter Tausenden von Artgenossen weder wichtig ist noch erkannt wird, war von ihnen kaum zu erwarten.

In welcher Beziehung nun verlangte die Halbwüste neue Anpassungen? Die wesentlichen Ressourcen — Pflanzennahrung, Wasser und sichere Plätze über dem Erdboden — blieben unverändert, obwohl nun Felsen an die Stelle der Bäume traten. Die Ausnutzung des Umweltangebots konnte somit dem alten Schema folgen. Jedes Mitglied der Gruppe konnte weiter seine eigene Nahrung suchen und auf der Stelle verzehren, täglich Wasser trinken und die Nacht hoch über dem Erdboden verbringen. Die durch die geringfügig andere Qualität des Angebots notwendig werdenden Anpassungen waren minimal.

Diese Anpassungen wurden vielleicht allein durch individuelle Modifikation sowie durch Tradition verwirklicht. In mancher Hinsicht wird phylogenetische Anpassung nicht erforderlich gewesen sein. Dies kann man zumindest aufgrund von Freilandexperimenten annehmen: Anubis-Weibchen, die gefangengenommen und jenseits der Gebietsgrenzen ihrer Art in einer Hamadryasherde freigelassen wurden, überlebten monatelang. Sie konnten sich von der dort vorhandenen Kost ernähren; sie konnten häufig genug trinken; und obwohl sie ungeschickte Felskletterer waren und zu Beginn leicht ausrutschten, wenn sie gejagt wurden, lernten sie bald. Einige Anpassungen von einer Anubis- zu einer Hamadryasumwelt und umgekehrt sind also innerhalb eines Bruchteils der Lebenszeit der Tiere möglich, zumindest dann, wenn das verpflanzte Tier sich die Erfahrung und Führerschaft seiner völlig angepaßten Gastgeberherde zu Nutze machen kann. Diese Experimente bedeuten selbstverständlich nicht, daß die transplantierten Tiere sich letzten Endes so gut anpaßten wie ihre Gastgeber. Ihre Überlebenschancen mögen einige Prozent kleiner gewesen sein, und ein solcher Nachteil könnte den verpflanzten Genotyp sehr wohl in wenigen Generationen ausrotten. Die Hamadryas *haben* ihre Lebensweise umgestellt, und die Art dieser Umstellungen läßt die sie begünstigenden Umweltunterschiede ahnen.

Die Mantelpaviane gaben die soziale Organisation auf einer einzigen Ebene — wie die anderen Paviane sie besitzen — auf und ersetzten sie durch eine Organisation auf drei Ebenen: die große Herde, die mittelgroße Bande und die kleine Einheit mit einem Männchen. Wir haben bereits gesehen, daß ihr Halbwüstenbiotop Gruppen von verschiedener Größe erfordert, je nach der Funktion der bevorstehenden Aufgabe. Die unabhängige Gruppe mit einem Männchen erscheint als die optimale Einheit für die Nahrungssuche, groß genug, um einen männlichen Beschützer einzuschließen, andererseits so klein, daß alle Angehörigen der Gruppe ausreichend Futter finden, ohne sich übermäßig weit voneinander entfernen zu müssen. (In Zeiten akuten Futtermangels spalteten sich die Gruppen der südafrikanischen Bären-Paviane ebenfalls vorübergehend in Einmann-Gruppen auf, obwohl sie normalerweise wie Anubisgruppen zusammengesetzt sind.) Andererseits müssen die Einmann-Gruppen sich an den wenigen vorhandenen Felsen in Zahlen versammeln, die die Gruppengröße der Nicht-Wüsten-Paviane bei weitem übersteigen. Die soziale Lösung ist die Herde. Die Bande stellt eine Zwischenstufe zwischen den kleinen Einheiten für die Nahrungssuche und den großen Schlafeinheiten dar. Ihre ökologischen Funktionen sind nicht ohne weiteres verständlich; es ist sehr gut möglich, daß die

Bande der Hamadryas eine rudimentäre Einheit ist, d.h. ein Rest der Gruppenform ihrer Vorfahren. Hamadryasbanden ähneln den Gruppen anderer Paviane insofern, als sie geschlossene Einheiten darstellen, die selten miteinander in Beziehung treten und sich häufig gegenseitig aus dem Weg gehen. Bei den Mantelpavianen hat das Pavianerbe erfolgreich zwei neue Typen von Zusammenschlüssen geschaffen, einmal die Herde und zum andern die Einmann-Gruppe, und wir möchten nun wissen, welche verhaltensmäßigen Neuerungen und Neugestaltungen für diese neuen Organisationsformen notwendig waren.

Betrachten wir zunächst die Herde. Da ihre Mitglieder jeweils nur innerhalb der Bande Beziehungen unterhalten, ist die Herde keine echte soziale Einheit. Zur Bildung von Herden genügt es, daß Banden einander in nächster Nähe dulden. Diese Fähigkeit war bereits Bestandteil des allgemeinen Pavianerbes. In einigen Teilen des Amboseli-Nationalparks von Kenia z.B. gibt es nur wenige, aber dafür große, Gehölze mit Schlafbäumen; in dieser Hinsicht sehen sich die Gelb-Paviane (*Papio cynocephalus*) der Gegend demselben Problem gegenüber wie die Hamadryas, und sie lösen es in derselben Weise: Die in demselben Schlafgehölz übernachtenden Gruppen dulden sich gegenseitig. Diese bloß lokale Anpassungsleistung läßt darauf schließen, daß die Hamadryas-Herde nicht eine spektakuläre Schöpfung mit einer langen und komplizierten Geschichte ist. Sie könnte wahrscheinlich von jeder Pavianpopulation innerhalb relativ kurzer Zeit und ohne genetische Veränderung verwirklicht werden.

Die Evolution der Haremsgruppe war komplexerer Natur und hat wahrscheinlich länger gedauert. Diese kleinen Einheiten beruhen auf einer dauernden Bindung zwischen einem oder mehreren Weibchen und einem Männchen. Da Säuglinge und kleine Jungtiere ihrerseits wieder an die Mutter gebunden sind, ist die Bande säuberlich aufgeteilt, nur einige erwachsene und juvenile Männchen bleiben außerhalb und können variable Zusammenschlüsse bilden. Jeder Gruppenführer kontrolliert regelmäßig, wo sich seine Weibchen befinden. Auf dem Marsch sieht er sich häufig nach ihnen um (Abb. 2.5). Ist ein Weibchen zu weit entfernt oder hat es Kontakt mit einem Angehörigen anderer Familien aufgenommen, so bedroht er es durch Hochziehen der Augenbrauen oder er greift es an und beißt es in

Rücken oder Nacken. Die Weibchen reagieren auf solche Attacken, indem sie wieder ihren Platz nahe bei den Männchen einnehmen.

Diese Hütetechnik, die an die ihr Junges überwachende Pavianmutter erinnert, war allem Anschein nach das beste den Pavianen zur Verfügung stehende Mittel für eine kleine, stabile Einheit. Sie ist unelegant und beansprucht die Aufmerksamkeit des Männchens übermäßig, aber sie benutzt einige wesentliche Präadaptionen des Pavianerbes. Erstens ist das Sozialleben der Paviane ohnehin rangbetont. Zweitens erleichtert die überlegene Körpergröße es dem Männchen, mehr als ein Weibchen zu beherrschen. Sexueller Dimorphismus in bezug auf die Körpergröße findet sich bei vielen Wirbeltieren, bei denen die Männchen einen Harem weiblicher Tiere um sich sammeln. Da alle Paviane, ungeachtet ihrer Sozialstruktur, diesen Dimorphismus aufweisen, ist es wahrscheinlich, daß er bereits existierte, bevor die Hamadryas Einmanngruppen zu entwickeln begannen. Die dritte Präadaption ist die Tendenz zu ausschließlichen Bindungen, die sich bei allen Pavianen und Makaken findet. Das bedeutet, daß ein Individuum seinen ausschließlichen Zugang zu einem begehrten sozialen Partner aggressiv verteidigt. So dulden Pavianmütter nicht, daß andere Weibchen ihre Jungen anfassen, und die Gefährten von Weibchen erlauben ihren Rivalen nicht, mit ihren Weibchen zu kopulieren. Das letztere Beispiel steht in krassem Gegensatz zu dem Verhalten von Gorillas und Schimpansen.

Bei dem Hamadryas-Männchen mußte also die schon vorhandene starke Neigung zum ausschließenden Weibchenbesitz nur auf die Zeit des Nicht-Oestrus ausgedehnt werden, um ihn zu dem intoleranten ständigen Gefährten zu machen, der er jetzt ist. Der Besitz von mehr als einem Weibchen jedoch erforderte eine Neuerung, die Hütetechnik. Das Repertoire der Paviane enthielt bereits die Verhaltenskomponenten dafür, d.h. das Hochziehen der Augenbrauen und das Beißen in den Nacken. Die Hamadryas sind jedoch die einzige Pavianart (außer vielleicht dem Guineapavian), die diese Verhaltensweisen zu einem Instrument des Haremshütens entwickelt haben, indem sie ihre Attacken zeitlich auf das Verhalten der Weibchen abstimmten. Anubis-Männchen hüten niemals ihre Weibchen, selbst dann nicht, wenn sie momentan mit ihnen verpaart sind. Auch ein ausgewachsener Anubismann, der mehrere Monate in einer wilden

Hamadryas-Herde lebte, übernahm die Hütetechnik nicht und hatte deshalb niemals Weibchen.

Die besitzergreifende Haltung von Hamadryas-Männchen gegenüber weiblichen Tieren jedes Zyklus-Stadiums dürfte eine genetische Grundlage haben. Hüteverhalten und Haremsgruppen sind in allen bisher beobachteten freilebenden Herden gefunden worden, wenn auch Unterschiede in der Intensität feststellbar waren. Die Hamadryas-Kolonie der russischen Forschungsstation Sukhumi zeigt nach mehreren Generationen in Gefangenschaft immer noch das Hüteverhalten. Offensichtlich ändert selbst eine drastische Veränderung der Umwelt das Hütesyndrom nicht zwangsläufig.

Zwar bereiteten die verhaltensmäßigen und morphologischen Anlagen der Paviane den Weg für die Herausbildung der Einmanngruppe, doch verlangte das neue System auch einige sekundäre soziale Anpassungen. Zum einen müssen die Hamadryas-Weibchen auf die Drohung eines Männchens mit Annäherung an den Angreifer reagieren, während jedes andere Primatenweibchen — auch die Anubis-Weibchen — in der gleichen Situation die Flucht ergreifen. Diese paradoxe Umkehrung der „normalen" Reaktion regte eine Reihe von Freilandexperimenten an, bei denen erwachsene Anubis-Weibchen in Hamadryasherden ausgesetzt wurden. Die Resultate waren höchst eindrucksvoll. Zunächst akzeptierten die Hamadryas-Männchen die Anubis-Weibchen voller Eifer, trotz deren andersartigen Aussehens, und hüteten sie. Als zweites hinderte die Zugehörigkeit zu verschiedenen Arten die Tiere keineswegs daran, sich erfolgreich zu verständigen. Die Anubis-Weibchen lernten durchschnittlich innerhalb einer Stunde, nur dem einen Hamadryasmann zu folgen, der sie bedrohte und angriff, und mit keinem anderen Männchen Beziehungen aufzunehmen. Sie folgten ihrem neuen Männchen sogar ebenso häufig wie die Hamadryasweibchen, die zu Kontrollzwecken in derselben Herde ausgesetzt wurden.

Das Experiment machte deutlich, daß ein Paviangehirn ohne zusätzliche Unterstützung durch genetische Anlagen zu lernen vermag, die Fluchtreaktion gegenüber einem drohenden Artgenossen durch das Gegenteil zu ersetzen. Im umgekehrten Experiment paßten sich Hamadryasweibchen ohne Schwierigkeiten dem unabhängigen Leben in einer Anubisgruppe an; sie lausten nacheinander mehrere Männchen und hörten auf, einem speziellen Männchen zu folgen.

Während das Hüten von Weibchen durch die Hamadryasmänner eine umweltstabile, phylogenetische Anpassung zu sein scheint, ist das Verhalten der weiblichen Tiere flexibel und verlangte daher wenig phylogenetische Anpassung, außer vielleicht in einer Hinsicht: die in Hamadryasherden ausgesetzten Anubisweibchen behielten auch nach der „Umschulung" eine stärkere Neigung zu fliehen als die Hamadryas-Kontrollweibchen. Nun finden Weibchen, die ihrem Männchen davonlaufen, gelegentlich die Herde nicht wieder. Da unbeschützte Weibchen leicht einem Räuber zum Opfer fallen können, dürfte allzu große Fluchttendenz bei Hamadryasweibchen in der Stammesgeschichte bald ausgemerzt worden sein.

Auf seiten des Männchens warf das neue Sozialsystem ebenfalls ein neues Problem auf: Es schuf Männchen, die — bereits aggressiv — sich nun weiblichen Tieren gegenüber höchst besitzergreifend verhielten (Abb. 4.3). Während bei den Anubis die Weibchen nur wenige Tage pro Monat zu Kämpfen unter Rivalen provozieren, wurden die Hamadryasweibchen zu ständigen Streitobjekten. Als 30 neue Weibchen im Londoner Zoo in eine Kolonie von ungefähr 100 Hamadryas eingebracht wurden, versuchten alle ausgewachsenen Männchen, sich Weibchen zu sichern, und töteten innerhalb eines Monats 15 von ihnen bei Kämpfen um ihren Besitz. Obwohl dieses Ereignis durch eine unnatürliche Manipulation heraufbeschworen wurde, läßt es die Gefahr der Entwicklung besitzergreifender Männchen erkennen.

Im Verlauf unserer Studien gewannen wir den Eindruck, daß die Hamadryas ein wirkungsvolles System entwickelt haben müssen, um dieser Gefahr zu begegnen. Wir hatten bis dahin im Verlauf verschiedener Experimente ungefähr 30 erwachsene Paviánweibchen in fremden Hamadryasherden freigelassen. In bescheidener Dosierung wiederholten wir also das Londoner „Experiment". Das Ergebnis war allerdings sehr anders. Niemals gab es einen allgemeinen Ansturm der Männchen auf das neue Weibchen. In der Regel kam nur ein einziges männliches Tier aus der Herde heran und ergriff Besitz von dem Weibchen. Einige Male näherten sich beim ersten Anblick des Weibchens gleichzeitig zwei Männchen, aber meist zog sich einer von ihnen innerhalb von Sekunden zurück. Nur ein einziges Mal brach ein kurzer Kampf zwischen zwei Männchen aus. Dieses allgemein zurückhaltende Verhalten konnte nicht mit einer

Abb. 4.3. Ein Hamadryas-Männchen beschützt während einer aggressiven Episode in der Herde seine um ihn versammelten Weibchen mit einem „Droh-Gähnen", das an die anderen Männchen der Herde gerichtet ist

schwachen Motivation der freilebenden Männchen für die Aneignung von weiblichen Tieren erklärt werden. Zum einen fand jedes freigelassene Weibchen sofort ein interessiertes Männchen. Zudem übernahmen frisch gefangene Hamadryasmännchen in einem Freigehege bei unserem Lager eifrig jedes neue Weibchen, das ihnen gebracht wurde. Die Besitzmotivation nahm gelegentlich sogar bizarre Formen an. Ein Hamadryasmännchen wurde in der Nähe seiner Herde freigelassen, nachdem es in einer Reihe von im Freigehege durchgeführten Experimenten mitgemacht hatte. Statt zu seiner Herde zurückzukehren, stürmte es hinter dem abfahrenden Landrover her und versuchte, sich einigen Weibchen anzuschließen, die es von den Experimenten her kannte und die jetzt in Käfigen auf dem Dachgestell des Wagens hockten.

Mangelndes Interesse ist also mit Sicherheit nicht die Erklärung für das Fehlen aggressiver Konkurrenz, ebensowenig ist Mangel an aggressiver Motivation der Grund. Selbst in freier Wildbahn kann man leicht Kämpfe um Weibchen hervorrufen (Abb. 4.4). Wenn ein Hamadryasmännchen gefangen und vorübergehend entfernt wird, werden seine Weibchen sofort von anderen männlichen Tieren seiner Herde übernommen. Schon nach wenigen Stunden wird der neue Besitzer das neu erworbene Weibchen nicht mehr ohne Kampf hergeben, selbst dann nicht, wenn der frühere Gruppenführer zurückkehrt. Das Ergebnis des Kampfes wird dann entscheiden, ob das Weibchen bei seinem früheren oder bei dem neuen Besitzer bleibt. Dies liefert eine Antwort und wirft gleichzeitig eine Frage auf: Die Kampfstärke kann offensichtlich darüber entscheiden, wer ein Weibchen besitzen soll; wenn aber der neue Besitzer siegt, warum hat er dann nicht schon lange vorher den ursprünglichen Besitzer angegriffen und das Weibchen erobert? Die Kampfkraft allein ist also nicht die Lösung des Problems. Wäre sie es, so müßten wir erwarten, daß ein paar überlegene Kämpfer sich alle Weibchen einer Herde aneignen, und dies ist in der Wirklichkeit nicht der Fall. In der Erer-Gota Population besaßen nicht weniger als 80% aller erwachsenen männlichen Tiere Weibchen, und die 1968 bei einer Bande durchgeführte Untersuchung ergab, daß die Anzahl der Weibchen in einem Harem nicht mit dem Rang des entsprechenden Männchens korreliert ist. Auch schwächere Männchen können ohne Zweifel Weibchen besitzen.

104   Methoden der Anpassung

Abb. 4.4. Künstliche Fütterung einer Hamadryasherde führt zunächst dazu, daß viele Tiere auf einem relativ engen Raum zusammenkommen. Die Männchen fühlen sich dadurch im Besitz ihres Harems bedroht. Während rivalisierende Männchen sich gegenseitig bedrohen, reihen sich die Weibchen im „Angriffsschatten" ihrer jeweiligen Besitzer auf

Angesichts dieser Tatsachen postulierten wir einen Mechanismus, der die Auswirkung der Kampfkraft abschwächt. Wir stellten die Hypothese auf, daß ein Männchen keinen Anspruch auf ein Weibchen erhebt, wenn dieses bereits einem anderen Männchen gehört. Um diese Hypothese zu überprüfen, dachten wir uns ein Experiment aus. Wir fingen erwachsene Mantelpaviane ein, brachten sie ins Lager und gewöhnten sie an ein Freigehege, das außerhalb ihres früheren Wohngebietes lag. Dieser neutrale Boden wurde gewählt, da bekanntes Gelände und die Gegenwart bekannter Herdenangehöriger die Erfolgschancen der Männchen hätte beeinflussen können. Dann wurden ein männliches und ein weibliches Tier in das Gehege gelassen, während ein zweites Männchen das Paar von einem ungefähr 10 m entfernten Käfig aus beobachtete. Bei diesem Experiment war das Weibchen zu Beginn beiden Männchen fremd, während die Männchen aus derselben Herde stammten und man daher erwarten konnte, daß sie sich kannten. In dem Gehege begann der neue Besitzer sofort, das Weibchen zu besteigen, es zu lausen und ihm zu folgen, wie es für die Bindung eines Hamadryaspaares typisch ist. Der Zuschauer konnte also feststellen, daß ein Männchen seiner eigenen Herde ein neues Weibchen besaß.

Als der Zuschauer nach 15 Minuten zu dem Paar gelassen wurde, verhielt er sich recht seltsam. Er verzichtete darauf, um das Weibchen zu kämpfen, und vermied es sogar deutlich, das Paar auch nur anzusehen. Die meiste Zeit saß er in der entferntesten Ecke und schaute in die entgegengesetzte Richtung. Von Zeit zu Zeit blickte er zum Himmel, inspizierte die ihm wohlbekannte Landschaft, als ob sich dort etwas bewegte, oder spielte mit einer Hand ziellos auf der Erde herum. Sein Sozialverhalten war stark gehemmt. Kontrollversuche hatten gezeigt, daß die beiden männlichen Tiere ohne das Weibchen bereitwillig Kontakt miteinander aufnahmen und daß bei Abwesenheit des ersten Männchens der Zuschauer nicht gezögert hätte, sich das Weibchen anzueignen. Was ihn hemmte, war also die Kombination der beiden Partner, die „Paar-Gestalt". Demgegenüber war das Sozialverhalten des Besitzers freier als normal und schloß häufige Annäherungen an den Zuschauer mit ein.

Dieses Resultat hätte immer noch mit der überlegenen Kampfkraft des Besitzers erklärt werden können, die dem Zuschauer von ihrem gemeinsamen Leben in derselben Herde bekannt war. Daher wurde das Experiment zwei Tage später mit vertauschten Rollen wiederholt. Der frühere Zuschauer wurde jetzt der Besitzer eines neuen Weibchens und der frühere Besitzer wurde zu dem Paar gelassen, nachdem er ihm eine Weile zugesehen hatte. Hätte bei dem ersten Versuch die Kampfstärke die Entscheidung herbeigeführt, so hätte der Zuschauer sich jetzt das Weibchen aneignen müssen. In der Wirklichkeit war jetzt er es, der alle Anzeichen eines gehemmten Verhaltens an den Tag legte. Das Weibchen blieb wiederum bei demjenigen der Männchen, das zuerst eine Paarbindung mit ihm eingegangen war. Bei wiederholten Experimenten mit insgesamt acht Männchen behielt ohne Ausnahme der Besitzer das Weibchen, und zwar ungeachtet seiner Kampfkraft oder Dominanz. In der Regel waren die „Habenichtse" gehemmt, während die Besitzenden sich enthemmt zeigten. Wenn diese Ergebnisse allgemein gültig sind, ist klar, warum ein Männchen mit geringer Kampfkraft einen Harem in der Herde haben kann. Die hemmende Wirkung der Paar-Gestalt ist ein stabilisierender Faktor, der die Paarbindungen schützt und der Haremsgruppe eine gewisse Immunität verleiht.

Offensichtlich haben die Mantelpaviane, während sie in Anpassung an ihre Umgebung ein System von Einmann-Gruppen evoluierten, gleichzeitig auch einen Mechanismus entwickelt, der mit dem neu entstandenen Problem stark besitzergreifender Männchen fertig wurde. Besitz wurde ergänzt durch „Respekt" vor Besitz. Die Hemmung gegen Übergriffe auf das soziale Eigentum anderer ist bestimmten Regeln menschlichen Verhaltens zumindest analog, und die Tatsache, daß solche Hemmungen schon bei nicht-menschlichen Primaten vorhanden sind, ist von einigem Interesse bei der Suche nach den Wurzeln menschlichen Sozialverhaltens.

Die Hemmung der Hamadryas-Männchen beschränkt den Kampf um weibliche Tiere auf Ausnahmesituationen wie übermäßige Nähe zwischen den Familien. Die Lösung korrigiert offensichtlich einige negative Effekte des Haremssystems. Die Veränderung des Sozialsystems hat aber wahrscheinlich noch weitere sekundäre Anpassungen erfordert. Zum Beispiel macht es die Hemmung den jungen adulten Männchen schwer, überhaupt irgendwelche Weibchen zu bekommen. Die Lösung dieser neuen Schwierigkeit — daß nämlich die etablierten alten Männer alle Weibchen der Bande besitzen — liegt wohl im folgenden eigenartigen Verhalten: Manche junge adulte Männchen eignen sich kleine juvenile Weibchen an, lange bevor diese ihre sexuelle Reife erreichen. In den ersten Tagen hütet und bemuttert der Mann das junge Weibchen intensiv, bis es ihm folgt. Es ist für ein junges Männchen leichter, seinen Harem mit juvenilen Weibchen zu beginnen, denn die Männer auf dem Höhepunkt ihrer Kraft sind nur an ausgewachsenen Weibchen interessiert. So können die jüngeren Männchen die Hemmungsbarriere umgehen. Wenn ihre juvenilen Gefährtinnen nämlich das Erwachsenenalter erreicht haben, so wirkt die Hemmung zu *ihren* Gunsten, indem sie ihre jetzt für alle attraktiv gewordenen Weibchen vor den älteren Männchen schützt.

Die Hamadryas-Gesellschaft zeigt eine gewisse Analogie zu menschlichen Sozialsystemen. Unabhängig voneinander entwickelten beide stabile, in größeren Banden miteinander verbundene Familieneinheiten, und vermutlich gelangten beide zu dieser Art der Gesellschaft, als sie in offenem Gelände lebten. Die Anthropologen haben den Ursprung der menschlichen Familie auf verschiedenerlei Art erklärt. Die phylogenetische Kluft zwischen Mensch und Mantelpavian macht es unmöglich, diese Erklärungen auf der Grundlage der Entwicklung der Mantelpaviane zu bestätigen oder zu widerlegen, aber wir können zumindest feststellen, ob sie mit dem, was wir vom Pavian wissen, vereinbar sind.

Eine der Hypothesen lautet, daß bei den Menschen die ständige sexuelle Empfänglichkeit der Frau im Dienst einer stabilen Bindung zwischen Mann und Frau evoluiert wurde. Die geschlechtliche Anziehung zwischen den Partnern wurde dadurch eine dauerhafte, und das normale Sozialleben wurde nicht länger durch eine kurze, heftige Brunst mit ihren Ausbrüchen sexueller Rivalität erschüttert. Von dieser Hypothese ausgehend wäre zu erwarten, daß innerhalb einer Primatengruppe Paare vor allem dann entstehen, wenn die Weibchen sexuell attraktiv sind. Das Beispiel der Anubispaviane unterstützt diese Hypothese: ihre Geschlechtspaare entstehen nur während des weiblichen Oestrus und lösen sich danach wieder auf. Experimentell könnte man versuchen, durch künstlichen Dauer-Oestrus beständige Paare zu schaffen.

Die Hamadryas andererseits scheinen die Hypothese zu widerlegen. Ihre Weibchen sind genauso viele Tage im Monat empfängnisfähig wie die Anubisweibchen, und doch ist diese kurze Brunstzeit eine ausreichende Grundlage für ein dauerndes Zusammenleben von Männchen und Weibchen. Dennoch könnte diese Hypothese in etwas allgemeinerer Form ohne Schwierigkeiten gerettet werden. Allem Anschein nach kann die Anziehungskraft des Weibchens anderer als sexueller Natur sein. Bisher wissen wir noch nicht, was an den Hamadryas-Weibchen so attraktiv ist, aber wir wissen, daß ihre Anziehungskraft so stark ist, daß das Gesamtinteresse des Männchens am Weibchen durch die periodischen sexuellen Anreize kaum weiter gesteigert wird. Anscheinend kann *jede* Art verstärkter Anziehung zwischen den Geschlechtern dauernde Paarbindungen schaffen. Mensch und Mantelpavian würden sich dann nur in der Qualität der Anziehung zwischen den Geschlechtern unterscheiden. Während bei den Menschen die Frau sich veränderte, indem sie dauernd anziehend wurde, entwickelte sich beim Mantelpavian das Männchen zum dauernd angezogenen Partner.

Die Hypothese ist jedoch immer noch unvollständig. Stärkere Anziehungskraft wird nicht nur zur Bildung von Paaren führen, sondern auch die Rivalität steigern, zumindest dann, wenn die Männchen eine starke polygyne Neigung haben. Als notwendige Ergänzung der Hypothese müssen wir also die Existenz eines Mechanismus postulieren, der einmal gebildete Paare vor der Konkurrenz rivalisierender Männchen schützt. Wenn ich darauf hinweise, daß wir bei den Hamadryas einen solchen Mechanismus entdeckt haben, so will ich damit nicht behaupten, daß die Menschen ähnliche Hemmungen haben oder haben sollten! Ich möchte lediglich feststellen, daß die Anziehung der Geschlechter zueinander eine logisch unzureichende kausale Erklärung für die Existenz stabiler Paarbindungen darstellt.

Anthropologen nehmen weiter an, daß es die wirtschaftliche Arbeitsteilung war, die das Menschenpaar enger miteinander verband. Daß der Mann jagte und die Frau sammelte, verlangte einen gegenseitigen Austausch von Nahrungsmitteln und machte die Partner voneinander abhängig. Bei den Mantelpavianen wird das Weibchen jedoch in eine Abhängigkeit gezwungen, die nicht auf dem Austausch der Nahrung beruht. Es ist denkbar, daß auch der Mensch die Paarbildung vor der Arbeitsteilung entwickelte. Das Teilen der Nahrung bildete sich wahrscheinlich leichter zwischen einem Männchen und seiner Gefährtin heraus als zwischen einer Reihe von

Männchen und mehreren Weibchen. Die von vornherein große Toleranz und Anziehung zwischen den Partnern eines Paares war dafür eine günstige Voraussetzung. Schon bevor das Teilen der Nahrung entwickelt wurde, bestand das Paar sicherlich aus zwei Individuen, die zumindest nahe beieinander Nahrung suchen konnten, ohne in Streit zu geraten*.

Gesellschaftsformende Verhaltenskomplexe

Man kann sich fragen, ob das Hüteverhalten und eine Hemmung männlicher Übergriffe die einzige Möglichkeit für die Entwicklung von Einmann-Gruppen darstellten, oder ob andere Primaten einen ähnlichen Gruppentypus mit anderen Verhaltensmitteln erreichten, zu denen z.B. eine Umgestaltung des Verhaltens der weiblichen Tiere gehören könnte. Glücklicherweise kommt die Gruppe mit einem Männchen nicht nur bei Mantelpavianen vor. Sie wurde bei mehreren im Wald lebenden Meerkatzen und bei zwei Arten von Bodenaffen, dem Dschelada (*Theropithecus gelada*) und dem Husarenaffen (*Erythrocebus patas*) vorgefunden. Die beiden letzteren, der Dschelada und der Husarenaffe, sind Bewohner von offenem Gelände wie der Mantelpavian, und ähneln den Pavianen in Lebensweise und allgemeiner Erscheinung. Die Männchen sind doppelt so groß wie die Weibchen, und die der Sozialordnung zugrunde liegende Einheit ist eine aus einem erwachsenen Männchen und mehreren Weibchen bestehende Gruppe. Diese beiden Arten und die Mantelpaviane haben ihre Einmann-Gruppen wahrscheinlich unter ähnlichem ökologischen Druck entwickelt; wie wir aber sehen werden, gingen die Gruppen aus verschiedenen Syndromen des Sozialverhaltens hervor.

Der Dschelada wird, obwohl er nicht zur Gattung Papio gehört, häufig als „Dscheladapavian" bezeichnet. Er lebt in großen Herden auf den offenen alpinen Rasen des äthiopischen Hochlandes in Hö-

---

* Neueste Ergebnisse bestätigen dies: In einer häufig jagenden Anubis-Gruppe sind vor allem Männchen—Weibchen- und Mutter—Kind-Paare zum Teilen der Beute fähig.

hen bis zu ungefähr 4000 Metern. Nachts klettern die Dscheladas in die gewaltigen Felsenabstürze hinunter und schlafen auf Vorsprüngen oder steilen, grasbewachsenen Stellen. Tagsüber ziehen sie auf den sich oben erstreckenden baumlosen Matten herum und suchen Futter; dabei entfernen sie sich niemals weit von dem Sicherheit bietenden Abgrund und umgeben sich auf der Binnenlandseite der Herde mit einem Schutzgürtel aus großen Männchen. Der britische Zoologe John Crook, der die Herden als erster in freier Wildbahn studierte, entdeckte, daß sie sich aus Einmann-Gruppen zusammensetzen, die sich von der Herde trennen können, um allein auf Futtersuche zu gehen. Crook stellte jedoch sehr deutlich heraus, daß die Zugehörigkeit des Weibchens zur Haremsgruppe nicht durch das Verhalten des Männchens erzwungen wird. Dschelada-Weibchen dürfen sich in der ganzen Herde frei bewegen.

Kurz nach Crooks Untersuchung hatte ich die Möglichkeit, am Delta Primate Research Center in Covington, Louisiana, in einem großen Gehege hintereinander zwei Dscheladakolonien aufzubauen. Die Tiere waren einander fremd, als sie in das Gehege gebracht wurden. Sie organisierten sich in Einmann-Gruppen und ließen im Verlauf dieses Organisationsprozesses die für ihre Sozialstruktur verantwortlichen Verhaltensmechanismen erkennen. Anders als bei der Hamadryas-Gesellschaft wurden die Haremsgruppen der Dscheladas durch die Aktivität beider Geschlechter geschaffen. Sofort nach dem Einbringen der Tiere bildete in beiden Kolonien ein Männchen mit einem dominanten Weibchen ein Paar: das Weibchen präsentierte ihm sein Hinterteil, das Männchen bestieg das Weibchen und dieses begann dann, seinen Schulterumhang zu pflegen. Von diesem Punkt an griff das Weibchen jedes andere Weibchen an, das sich seinem Männchen näherte oder welches das Männchen zusätzlich als zweites Weibchen zu gewinnen suchte. Schließlich wurde doch ein zweites Weibchen akzeptiert, aber erst, nachdem das erste, dominante Weibchen mit Weibchen Nummer 2 den Paarbildungsprozeß ebenfalls vollzogen hatte, wobei Nummer 1 das Männchen spielte: Nummer 2 mußte Weibchen Nummer 1 die Kehrseite hinstrecken, sich von ihr besteigen lassen und dann Nummer 1 lausen. So übernahm das dominante Weibchen die Rolle des Besitzers von Nummer 2 in genau derselben Weise, in der das Männchen sich als Besitzer von Nummer 1 etabliert hatte.

Schließlich umfaßte jede Einmann-Gruppe eine Kette von Tieren, von denen jedes das ihm unmittelbar untergeordnete Tier dominierte und überwachte und seine Kontaktaufnahme mit nahezu jedem anderen Tier in der Kolonie verhinderte. Ein ranghohes Weibchen z.B. intervenierte so nachhaltig in die Beziehungen zwischen ihrem Männchen und dem Weibchen Nummer 2, daß das letztere lernte, dem sich nähernden Männchen auszuweichen. Erst nachdem die Kolonien hinreichend gefestigt waren, wurden Kontakte zwischen den Männchen und den rangtieferen Weibchen häufiger. Selbst dann noch pflegten ranghohe Weibchen die ihnen untergeordneten Tiere zu der Gruppe zurückzutreiben, wenn sie mit Mitgliedern einer anderen Einmann-Gruppe Kontakt aufzunehmen suchten. Das dominante Dscheladaweibchen ist sozusagen ein zweites Leittier der Gruppe. Es hält sich in der Regel am nächsten zum Männchen und erweist sich bei Zusammenstößen mit fremden Männchen als die treueste seiner Gefährtinnen.

Den Einmann-Gruppen der Dscheladas und der Mantelpaviane gemeinsam ist, daß die Weibchen von ranghöheren Mitgliedern der Gruppe kontrolliert und in ihrer Bewegungsfreiheit eingeschränkt werden. Diese Rolle wird bei den Mantelpavianen jedoch vom Männchen monopolisiert, während sich bei den Dscheladas die Weibchen an ihr beteiligen. Wie zum Ausgleich dafür ist bei den Dscheladas die Hütetechnik nur schwach entwickelt. Obwohl ihre Männchen wie die Mantelpaviane über ein motorisches Instrumentarium verfügen, das von Drohungen bis zu Bissen in den Nacken reicht, wenden sie es anscheinend nicht systematisch genug an, um eine zuverlässige Folgereaktion ihrer Weibchen zu erzielen. In unserer Kolonie antwortete keines der Weibchen auf die Drohung oder Attacke eines Männchens damit, daß es ihm folgte, wie dies ein Hamadryasweibchen getan hätte. Ein männliches Leittier mußte Beziehungen mit Außenseitern dadurch verhindern, daß es sich an Ort und Stelle begab und sein Weibchen mit Gewalt von dem Fremden trennte. Das Hüteverhalten weiblicher Dscheladas entsprach demselben Muster; dominante Weibchen zerrten gelegentlich ein jüngeres Mitglied der Gruppe mit ihren Händen zu der Gruppe zurück.

Es ist nicht bekannt, ob Dschelada-Männchen wie die Mantelpaviane eine Hemmung gegenüber den Weibchen anderer Männer haben, aber es scheint, daß das Dscheladasystem ohne diese Hemmung auskommt. Um ein Weibchen einer anderen Gruppe für sich zu gewinnen, muß ein Dscheladamännchen mehr tun als lediglich den Besitzer des Weibchens zu besiegen (was in einer Hamadryas-Gesellschaft genügen würde). In unserer Dscheladakolonie begegneten die Versuche, sich ein Weibchen anzueignen, dem heftigen Widerstand nicht nur des Besitzers dieses Weibchens sondern auch der meisten weiblichen Tiere *beider* Gruppen. Häufig half das beanspruchte Weibchen selbst ihrem Männchen dabei, den neuen Freier zu verjagen. Die Integrität der Einmann-Gruppen bei den Dscheladas basiert auf der gemeinsamen Aktivität vieler Tiere. Diese vielfache Sicherung mag der Grund dafür sein, daß eine Einmann-Gruppe von Dscheladas sich über die ganze Herde verteilen kann, während der Harem der Hamadryas vom räumlichen Zusammenhalt innerhalb der Herde abhängig ist.

Husarenaffen bilden keine Herden. Sie sind behende im Fliehen und Sich-Verstecken und brauchen keine großen sozialen Einheiten. Ihre Einmann-Gruppen leben voneinander getrennt, so daß das Männchen nicht gezwungen ist, in der Nähe von Weibchen zu leben, die nicht die seinen sind. Ein solches Sozialsystem läßt sich sehr viel leichter aufrechterhalten als die kopfstarken Ansammlungen von Einmann-Gruppen der Dscheladas und Hamadryas. Als erstes ist es nicht nötig, daß die Männchen ihre Weibchen hüten, und die Husarenaffenmännchen tun dies tatsächlich auch nicht. Der Ausschluß von Fremden ist nicht eine ständige Aufgabe sondern kommt nur gelegentlich vor und führt dann für mehrere Tage zu einer völligen Trennung der Gruppen. Notwendig ist nur, daß die Männchen sich höchst intolerant gegeneinander verhalten. Im Gegensatz dazu müssen die Mantelpaviane oder Dscheladas ständig die Abgeschlossenheit ihrer Einmann-Gruppen verteidigen, obwohl gleichzeitig die Intoleranz unter den Männchen soweit gemäßigt werden muß, daß sie die Herde nicht sprengt.

Zu den engsten Verwandten der Husarenaffen gehören die Meerkatzen (*Cercopithecus aethiops*), die in Gruppen mit vielen Männchen organisiert sind. Sie leben am Rand der Savanne. Wenn die Husarenaffen von Vorfahren mit einer ähnlichen Gesellschaftsstruktur abstammen, so lag die wichtigste Veränderung des Verhaltens in einer Steigerung des Antagonismus zwischen den Männchen. Beobachtungen an Husarenaffen in der Gefangenschaft haben diesen zur

Genüge demonstriert. Als das junge Männchen einer von Hall untersuchten Gruppe die Pubertät erreicht hatte, begann das einzige ausgewachsene Männchen es so heftig anzugreifen, daß der Halbwüchsige entfernt werden mußte, aber er „verblieb trotz seiner Entfernung aus der Gefahr über eine Stunde lang in einem Zustand offensichtlicher Panik".

Im Delta Primate Center machten wir ähnliche Beobachtungen an Paaren erwachsener Husarenaffen, die wir in einem Gehege von 30 mal 100 m freiließen. Die zwei Männchen begannen jeweils sofort miteinander zu kämpfen und zwar aus keinerlei ersichtlichem Grund als dem, daß jedes der beiden Männchen sich an der bloßen Anwesenheit des anderen störte. Nach mehreren Runden ging jeweils einer von ihnen als Sieger aus dem Kampf hervor. Aber gleichgültig, wie weit sich das schwächere Männchen auch zurückziehen mochte, der Sieger pflegte ihn unnachgiebig aufzuspüren und alle paar Minuten von neuem zu jagen (Abb. 4.5). Nach ungefähr einer Stunde fing das flüchtende Männchen zu schreien an, ein ziemlich ungewöhnliches Verhalten für einen erwachsenen Primatenmann. Schließlich, nach ein oder zwei Tagen, lag der Verlierer passiv in einer Ecke und weigerte sich zu fressen; nur aus der Hand des Beobachters, dem er sich wie schutzsuchend näherte, nahm er noch Futter an. Hätte man ihn nicht aus dem Gehege entfernt, so wäre er wahrscheinlich an Stress gestorben, obwohl er nicht verwundet war. Es stellte sich demnach heraus, daß der Evolutionsweg der Husarenaffen zu solitären Einmann-Gruppen über die heftige Intoleranz unter den ausgewachsenen Männchen führte.

An diesem Punkt kann man sich fragen, warum ein Dscheladaoder Hamadryasmann es vorzieht, mit seinem Harem in der Herde zu leben, obwohl dies ein ständiges Risiko für die Integrität seiner Einmann-Gruppe bedeutet. Daß das Leben in der Herde adaptiv ist, ist nur der letzte evolutionäre Grund, kaum aber das unmittelbare Motiv für das gregäre Verhalten des einzelnen Männchens. Die unmittelbare Ursache ist eine hochgradige Toleranz und Anziehung zwischen den Gruppenführern, eine Anziehung, die so stark ist, daß sie die Neigung überwiegt, möglichen Rivalen aus dem Weg zu gehen.

Der wesentliche Unterschied zwischen Husarenaffen- und Dschelada-Männchen zeigte sich, als auch die letzteren dem oben

Abb. 4.5. Ein ausgewachsenes Husarenaffenmännchen jagt einen schreienden Rivalen (links). Husarenaffen verfügen nicht über die soziale Technik der Unterwerfung. (Delta Primate Research Center)

beschriebenen Experiment unterzogen wurden. Zwei Dscheladamänner, die in das Gehege gebracht wurden, fingen gewöhnlich ebenfalls zu kämpfen an, und wiederum ging aus dem Kampf ein Sieger hervor. Sowie jedoch der Verlierer nicht mehr angriff und seinem Gegner auszuweichen begann, änderte sich das Verhalten des Siegers. Er hörte auf, das schwächere Männchen zu bedrohen oder zu jagen und näherte sich diesem stattdessen mit dem freundschaftlichen Lippen-Schmatzen. Der Verlierer reagierte darauf, indem er sich zurückzog oder sogar wieder angriff, wenn er in die Enge getrieben worden war; der Gewinner setzte dennoch seine freundschaftlichen Annäherungen fort. Stunden später präsentierte der Verlierer in einer Geste der Unterwerfung nervös sein Hinterteil. Der Sieger bestieg ihn vorsichtig und forderte ihn dann solange zum Lausen auf, bis das unterlegene Männchen das Haar des Siegers zu durchsuchen wagte. Am zweiten Tag machte der Verlierer einen entspannten Eindruck; die beiden Männchen saßen Seite an Seite, suchten gemeinsam Futter und beschäftigten sich häufig mit gegenseitiger Hautpflege. Der Verhaltensmechanismus, der das Leben in der Herde möglich macht, ist bei den Dscheladas also die Unterwerfung (Abb. 4.6). Es ist bezeichnend, daß die Husarenaffen keine Unterwerfungsgeste kennen.

Husarenaffen, Dscheladas und Hamadryas gelangten durch konvergente Entwicklung zu ihren Einmann-Gruppen. In ihren jeweiligen Gesellschaften nimmt die sogenannte Aggression drei deutlich unterschiedliche Funktionen an. Bei den Husarenaffen hält sie die Männchen voneinander fern; bei den Dscheladas und Hamadryas schafft sie die kompatiblen und sich gegenseitig anziehenden Rollen des dominanten und des untergeordneten Männchens; im Hüteverhalten des Mantelpavians hindert sie die Weibchen daran, das Männchen zu verlassen. Die sogenannte Anziehung tritt in zwei Formen auf, einer bilateralen, die beide Partner die Nähe des anderen suchen läßt, und einer einseitigen, bei der ein Partner die Nähe des anderen erzwingt.

Dieses einfache Modell bedarf noch der Verfeinerung. Zum Beispiel haben mehrere Forscher, die das Leben der Husarenaffen in freier Wildbahn untersuchten, Gruppen von adulten und subadulten Männchen ohne Weibchen oder Junge beobachtet. Dies läßt darauf schließen, daß eine Anziehungskraft selbst unter Husarenaffenmännchen besteht, die in der Gegenwart von Weibchen jedoch abnimmt. Diese Wirkung haben Weibchen auch bei einigen anderen Primatenarten: Im Dharwar-Gebiet in Indien sind nur aus Männchen bestehende Langurengruppen eine häufige Erscheinung. Eine solche Gruppe bemüht sich gelegentlich gemeinsam, das einzige Männchen einer benachbarten Einmann-Gruppe zu verjagen. Sofort

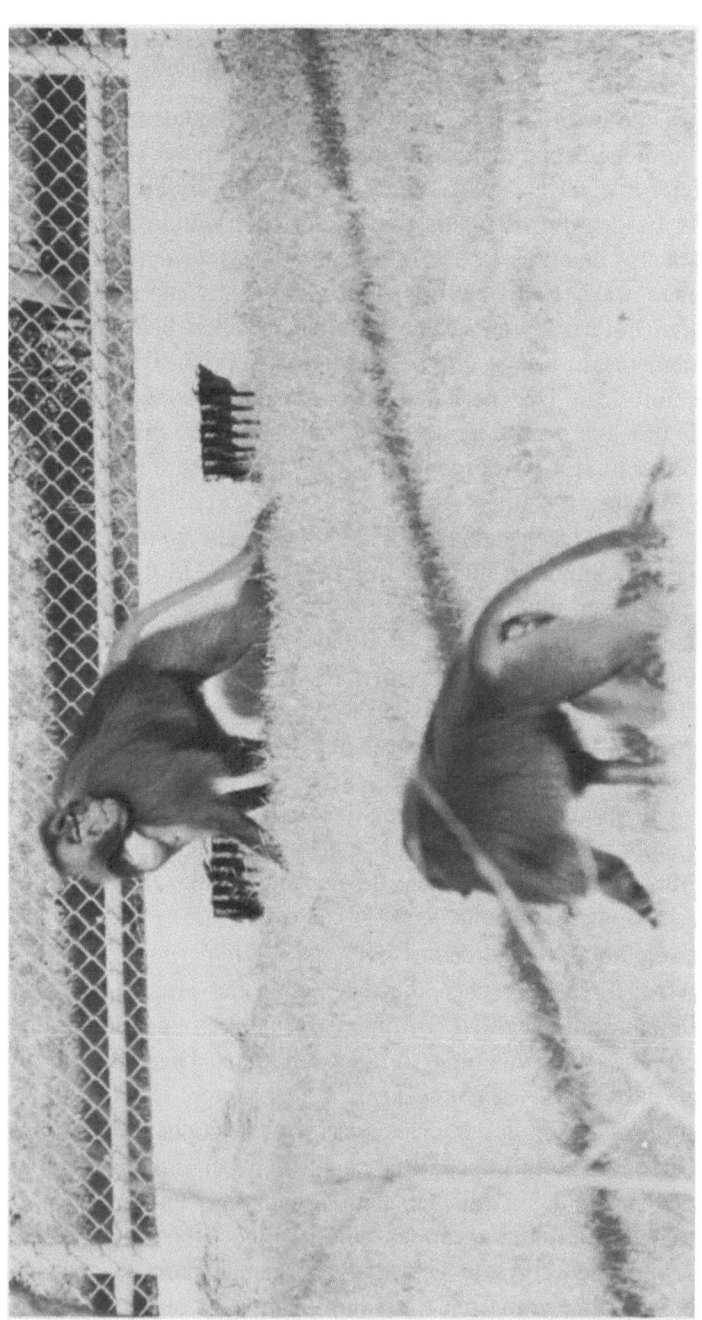

Abb. 4.6. Nach anfänglichem Kampf haben zwei ausgewachsene Dscheladamännchen durch die Unterwerfung des Männchens im Vordergrund eine Rangbeziehung gefunden, die es ihnen ermöglicht, Seite an Seite umherzuziehen und Futter zu suchen. (Delta Primate Research Center)

nach der Übernahme fangen die zuvor verträglichen Angehörigen der Männchen-Gruppe jedoch miteinander zu kämpfen an, bis es einem von ihnen gelingt, alle anderen zu vertreiben und sich als einziger in den Besitz der Weibchen zu setzen. Der sprengende Effekt der Anwesenheit von Weibchen läßt sich auch in freilebenden Hamadryasherden und bei Dscheladas in Gefangenschaft feststellen. Hier sitzen die Männchen, die keine Weibchen besitzen, nahe beieinander und lausen einander häufig, die Männchen mit Weibchen halten dagegen in der Herde einen größeren Abstand zueinander, und man sieht sie sich niemals lausen. Bei diesen beiden Arten ist die Anziehungskraft zwischen den Männchen jedoch so stark, daß die Männchen selbst dann in derselben Herde leben können, wenn die Gegenwart von Weibchen dem entgegenwirkt. Bei den Hamadryas ist nur ein langer und ausgedehnter Kampf um Weibchen in der Lage, die Anziehungskraft unter den Männern auf Null absinken zu lassen. In einer solchen seltenen Situation spaltet sich die Herde in Banden und Einmann-Gruppen auf, und einige Stunden lang herrscht eine ähnliche Situation wie bei den Husarenaffen.

Die kausale Untersuchung der Primatengesellschaften wird letztlich die Existenz der Gruppen als solche erklären müssen. Warum versammelt sich eine Population nicht zu einem ungeheuren Schwarm von Individuen? Warum fühlt sich ein Primat von einem Mitglied seiner eigenen Gruppe angezogen, während er einen Fremden jagt oder ihm aus dem Wege geht, obwohl die beiden Individuen sehr ähnliche Kombinationen von Reizen aussenden und als soziale Partner gleich befriedigend erscheinen? Bisher ist bei der Beobachtung in freier Wildbahn die erstaunliche Polarität des Verhaltens gegenüber Mitgliedern der Gruppe und gegenüber Außenseitern noch nicht kausal untersucht worden, und ich möchte davon absehen, noch nicht überprüfte Erklärungen dafür abzugeben.

Dieses Kapitel hat den Beginn einer Forschungsaufgabe angedeutet, die uns auf lange Sicht einen Blick in das Inventar von Verhaltenssystemen erlauben wird, welche die Primaten bei der Entwicklung adaptiver Gesellschaftsstrukturen verwendet haben. Den heutigen, vorläufigen Kenntnissen zufolge, bedienen sich die Primaten bei der Schaffung einer spezifischen sozialen Organisation der folgenden Verhaltensmechanismen:

1. Klassenaffinität: Angehörige bestimmter Geschlechts- und Altersklassen können füreinander anziehend sein, während andere, vor allem Angehörige derselben Klasse, einander nicht dulden.

2. Störung durch einen Dritten: Eine Anziehung zwischen zwei Tieren kann durch die Anwesenheit von Angehörigen einer dritten Klasse beeinflußt oder unterdrückt werden.

3. Polarität von Fremden und Gruppenangehörigen: Affen unterscheiden mehr oder weniger stark zwischen Angehörigen der eigenen Gruppe, denen im allgemeinen Sympathie entgegengebracht wird, und benachbarten Gruppen, die gemieden oder angegriffen werden. Die Vertrautheit des Ortes, an dem sich zwei Gruppen treffen, beeinflußt möglicherweise die Art ihrer Begegnung.

4. Periphere Tendenzen der Männchen: Die Männchen haben eine mehr oder weniger starke Tendenz, am Rande der Gruppe oder allein zu leben, während die Weibchen dazu neigen, bei einer Gruppe zu bleiben und sich in der Nähe ihres Zentrums zu halten.

5. Ausschließliche Bindung: Innerhalb der Gruppe verteidigen bestimmte Angehörige mehr oder weniger heftig ihr alleiniges Recht auf bestimmte begehrte Partner.

6. Soziale Erleichterung und Hemmung: Soziale Erleichterung kann bestimmte Verhaltensweisen synchronisieren, wogegen soziale Hemmung (z.B. Dominanz) bestimmte Verhaltensweisen auf die Träger eines bestimmten Status beschränken kann.

7. Rollenzwang: Ein Mitglied der Gruppe kann sich unter dem aggressiven Druck eines ranghöheren Gruppenmitgliedes an einen bestimmten Status anpassen (z.B. Hütetechnik).

8. Individuelle Merkmale und Affinitäten: Die Kombination individueller Eigenschaften in einer Gruppe sowie individuelle Freundschaften und Abneigungen können innerhalb der Grenzen der Variabilität der Art die Gruppe formen.

Dies sind die Variablen oder Dimensionen des die Gruppe gestaltenden Verhaltens. Die einzelnen Arten und Populationen unterscheiden sich in der Intensität jeder dieser Verhaltensweisen und unterwerfen ihnen jeweils andere Geschlechts- und Altersklassen. Diese Kombination von Verhaltensintensitäten und Verhaltensobjekten bestimmt ihren besonderen Gesellschaftstyp.

Die oben aufgeführte Liste ist nur vorläufiger Natur. Unser Ziel ist letztlich ein gründliches Verständnis des ererbten Verhaltenspotentials der Primatenarten und -gattungen. Mit diesem Verständnis werden wir die Erfolge und Mißerfolge einer Art bei ihrer Antwort auf die Herausforderung ihrer Umwelt realistischer bewerten können, als wenn wir lediglich postulieren, daß jedes beobachtete Merkmal adaptiv sein müsse. Wir können dann vielleicht verstehen, warum eine Anpassung nicht ganz ideal ist, warum sie aber die beste Lösung darstellt, zu der die Art in der Lage war, und was für einen Preis selbst diese zweitbeste Lösung von ihr fordert. Eine Lebensform wird sich dann als ein Kompromiß herausstellen; zunächst zwischen den widersprüchlichen Erfordernissen der Umwelt und dann zwischen diesen Erfordernissen und den Grenzen der aus seiner phylogenetischen Vergangenheit überkommenen Verhaltensmittel des Tieres selbst.

Anpassung durch Tradition

Japanische Makaken: Freßgewohnheiten auf der Insel Koshima

Die kleine Insel Koshima ist ein steiler, bewaldeter Berg, umgeben von Sandstränden und dem Meer. Ökologisch gesehen war für die die Insel bewohnende Gruppe japanischer Makaken (*Macaca fuscata*) bis vor kurzem nur der Berg und der ihn bedeckende Wald von Bedeutung; bis dahin hatten sie weder am Strand nach Futter gesucht, noch hatten sie sich jemals ins Wasser gewagt. 1952 begannen die Forscher des Japan Monkey Center damit, der Herde am Strand Futter auszuschütten; sie lösten damit eine ökologische Expansion aus, die faszinierende Einblicke in die Anpassungsfähigkeit der Primaten erlaubt. Die folgende Darstellung beruht auf einem detaillierten Bericht von Kawai (1965).

Die Fütterung bestand darin, daß man der Gruppe am Strand Süsskartoffeln hinwarf. Sie gewöhnte sich bald daran, den Wald zu verlassen und die Kartoffeln zu verzehren und zwar, soweit dies möglich war, ohne allzuviel daranhängenden Sand (Abb. 4.7). Der Strand wurde nicht nur zu einer neuen Futterstelle, sondern auch zur Brutstätte eines Phänomens, das die japanischen Forscher „Präkul-

Abb. 4.7. Die auf der Insel Koshima lebende Gruppe japanischer Makaken beim Futtersammeln am Strand. (Fotografie von M. Iwamoto)

tur" nennen. Ein Jahr nach Einführung dieser Fütterung wurde ein nicht ganz zweijähriges Weibchen namens Imo dabei beobachtet, wie es eine Kartoffel zum Ufer eines Baches trug. Imo tauchte die Kartoffel mit einer Hand ins Wasser, während sie mit der anderen Hand den Sand abrieb. In den darauffolgenden Jahren breitete sich diese neue Technik langsam in der ganzen Gruppe aus. Außerdem wurde das Waschen allmählich von dem Bach ins Meer verlagert (Abb. 4.8). Heute ist das Kartoffelwaschen in Salzwasser eine etablierte Tradition. Die Kinder lernen sie von ihren Müttern als einen selbstverständlichen Bestandteil des Kartoffelverzehrens.

Die neue Gewohnheit wird in zwei verschiedenen Formen unter den Affen weitergegeben. Durch „individuelle Verbreitung" wurde die Gewohnheit zuerst innerhalb der zum Zeitpunkt der Erfindung lebenden Generation weitergegeben, und zwar von den jungen zu den erwachsenen Tieren. Die Leichtigkeit, mit der ein Affe in dieser Phase das Kartoffelwaschen übernahm – oder aber der Widerstand, den er dieser Neuheit entgegensetzte – war zum Teil eine Funktion seines Geschlechts und seines Alters. Am bereitwilligsten lernte die Altersklasse der Jungtiere zwischen einem und zweieinhalb Jahren, also Imos eigene Altersklasse. Männliche und weibliche Juvenile lernten mit gleicher Leichtigkeit. Fünf Jahre nachdem Imo die neue Verhaltensweise eingeführt hatte, wuschen nahezu 80% der jüngeren Gruppenangehörigen in der Altersklasse von zwei bis sieben Jahren ihre Kartoffeln. Die erwachsenen Tiere über sieben Jahre waren konservativer. Lediglich 18% von ihnen – und zwar alles Weibchen – hatten die neue Technik übernommen. Die restlichen erwachsenen Tiere eigneten sich die Gewohnheit auch später nicht mehr an.

Diese Ergebnisse ließen sich jedoch nicht allein durch das konservative Verhalten erwachsener und männlicher Tiere erklären. Wesentlich war auch eine enge soziale Beziehung mit einem Tier, das das Kartoffelwaschen bereits praktizierte. Die Gewohnheit wurde nicht durch Beobachtung eines entfernten Gruppenmitgliedes angenommen, sondern nur bei der gemeinsamen Nahrungsaufnahme mit einem vertrauten Gefährten. So lernten Mütter bereitwillig von ihren Jungen und ältere Kinder von ihren jüngeren Geschwistern. Subadulte und junge Männchen andererseits hatten wenig Gelegenheit, Seite an Seite mit „Kartoffelwäschern" zu fressen; sie bleiben über-

122 Methoden der Anpassung

Abb. 4.8. Kartoffelwaschen im Meer gehört zu den neu erworbenen Verhaltensweisen der Koshima-Gruppe. (Fotografie von M. Kawai)

wiegend am Rande der Gruppe, wogegen die Jungtiere und ihre Mütter im Gruppenzentrum leben.

Bis ein Männchen als Leittier in das Gruppenzentrum zurückkehrt, ist es offensichtlich zu alt und starr, um sich noch zu ändern. Allerdings dürfte der Mangel an Gelegenheit zu gemeinsamer Nahrungsaufnahme mit Kartoffelwäschern schwerlich der einzige Grund für den Widerstand der Männchen gegenüber der neuen Technik sein. Ein Jahr nach Erscheinen des Berichtes von Kawai veröffentlichte Menzel (1966) eine Studie über die Reaktion freilebender japanischer Makaken auf fremde Objekte, die sie auf einem ihrer Pfade vorfanden. Demzufolge reagierten Juvenile sehr viel häufiger auf beispielsweise eine gelbe Plastikschnur als adulte Tiere. Bis zum Alter von drei Jahren reagierten Männchen und Weibchen gleich häufig, im Erwachsenenalter zeigten weibliche Tiere jedoch in 48% der Fälle eine Reaktion, männliche dagegen nur in 19% der Fälle. Eine typische „Nichtreaktion" erwachsener Männchen war das fast unmerkliche Abdrehen von der Richtung des Pfades und ein bloßer Seitenblick auf die Schnur. Augenscheinlich sind merkliche Reaktionen auf die gelbe Schnur und die Bereitschaft zur Übernahme der neuen Gewohnheit des Kartoffelwaschens unter den Geschlechts- und Altersklassen ähnlich verteilt, obwohl das erstere eine individuelle Handlung ist, die keine enge soziale Bindung an ein Vorbild verlangt. In der Verhaltensstruktur des erwachsenen Männchens scheint es einen bisher noch nicht bekannten Faktor zu geben, der für die Unterdrückung von Reaktionen auf neuartige Reize — welches auch immer ihr sozialer Kontext sein mag — verantwortlich ist. Zumindest bei den japanischen Makaken zeigt das adulte Männchen keine große Bereitwilligkeit, sich aktiv für neue Verhaltensadaptionen einzusetzen. Die allem Anschein nach bei den Menschen bestehende Bereitschaft des Mannes, eine solche Rolle zu übernehmen, ist möglicherweise das Ergebnis der Neotänie unserer Art, d.h. der Tendenz, bis ins Erwachsenenalter hinein jugendliche Verhaltensmerkmale beizubehalten.

Auf Koshima vermittelten die kartoffelwaschenden Mütter diese Verhaltensweise allen ihren nach Übernahme der neuen Technik geborenen Säuglingen. Sie leiteten damit die zweite Phase ein, die Kawai als „präkulturelle Verbreitung" bezeichnet. In dieser Phase erfuhr die Verbreitung der Gewohnheit eine Richtungsumkehrung; sie begann nun, sich von den Alten auf die Jungen zu übertragen. Zudem wurde das Verhalten von nun an auf neue Weise erworben. Während zuvor juvenile und erwachsene Tiere das gesamte Waschverhalten auf einmal übernommen hatten, lernten ihre Kinder dies jetzt Schritt für Schritt. Frühere Generationen hatten sich niemals ins Wasser gewagt, nunmehr wurden die Säuglinge, am Bauch der Mutter hängend, mit ins Wasser genommen. Bis zu dem Tag, an dem sie das erste Mal feste Nahrung zu sich nahmen, waren sie bereits völlig an das von ihren Vorfahren gemiedene Medium gewöhnt. Mit sechs Monaten fingen sie an, Kartoffelstücke aus dem Wasser zu fischen, die ihre Mütter hatten fallen lassen. Bis zum Alter von ein bis zweieinhalb Jahren erwarben sie den gesamten Waschvorgang. Dies ist das Alter, das sich auch in der Phase der individuellen Verbreitung als dem neuen Verhalten am leichtesten zugänglich erwiesen hatte.

Diese zweite Art der Übernahme des neuen Verhaltens zeitigte einen interessanten Nebeneffekt: Alle Kartoffeln, die die Säuglinge der zweiten Phase aßen, waren durch das Salzwasser gewürzt, und anscheinend assoziierten die jungen Tiere Kartoffeln mit dem Geschmack von Salz. Zahlreiche Angehörige der neuen Generation wuschen ihre Kartoffeln nicht nur, sondern sie würzten sie auch, indem sie sie nach jedem Bissen ins Wasser tauchten.

Die Koshima-Gruppe hatte noch weitere Überraschungen auf Lager. Als die Wissenschaftler dazu übergingen, am Strand Weizen auszustreuen, erfand das Weibchen Imo, inzwischen vier Jahre alt, einen neuen Trick. Statt die Körner einzeln aus dem Sand aufzulesen, trug sie jeweils eine Handvoll Sand und Weizenkörner zum Meer, warf alles ins Wasser und wartete ab, bis der Sand nach unten sank und nur der Weizen obenauf schwamm. Dann fischte sie die Körner auf und verzehrte sie. Auch dieses Mal verbreitete sich die neue Verhaltensweise unter den Jungtieren und ihren Müttern, und wiederum wollten die erwachsenen Männchen nichts davon wissen. Allerdings zeigte sich ein interessanter Unterschied: das Kartoffelwaschen war am bereitwilligsten von den ein- bis zweieinhalbjährigen Affen übernommen worden; im Gegensatz dazu gehörte die Mehrzahl der Affen, die sich den Weizentrick zu eigen machte, in die Altersklasse von zwei bis vier Jahren. Denken wir daran, daß Imo eineinhalb Jahre alt war, als sie das Kartoffelwaschen erfand, und vier Jahre, als sie das Weizenwaschen einführte.

Möglicherweise werden also neue Verhaltensweisen am bereitwilligsten von Altersgenossen übernommen. Es gibt allerdings eine andere mögliche Erklärung, die vorerst rein spekulativ ist, aber wichtige Fragen aufwirft. Das wichtigste Element beim Kartoffelwaschen ist, daß die Knolle mit einer Hand gerieben oder auch mit der Handfläche auf dem Boden gerollt wird. Dieselben Bewegungen benutzen auch Paviane, um Schmutz oder Stacheln von einer Frucht zu entfernen. Diese Verhaltensmuster entwickeln sich offensichtlich ohne große Schwierigkeiten aus dem Verhaltenspotential der auf dem Erdboden lebenden Primaten; oder, anders ausgedrückt: diese Arten sind für Reib- oder Rollbewegungen genetisch vorprogrammiert. In diesem Fall ist das Kartoffelwaschen nur insofern neu, als die Reinigungsbewegungen im Wasser vollführt werden. Das Waschen von Weizen dagegen enthält ein Element, das zweifellos einen nicht leicht zu verwirklichenden Teil des Verhaltenspotentials eines Primaten ausmacht: bereits gesammeltes Futter muß, bevor es gefressen wird, zuerst einmal weggeworfen werden*. Dies wäre nicht ganz so schwer, wenn die Primaten gewöhnlich Nahrung horteten, d.h. sie vorübergehend weglegten, oder wenn sie Nahrung teilen oder aber zumindest vor dem Verzehren forttragen würden. Somit ist das Weizenwaschen vielleicht von einem höheren Reifegrad des Verhaltens abhängig und wird daher in einem fortgeschritteneren Lebensalter erworben als das Kartoffelwaschen.

Ob diese Erklärung für den hier beschriebenen speziellen Fall korrekt ist oder nicht, ist mir hierbei nicht wichtig; was ich illustrieren möchte, ist die Art der Erklärung: daß nämlich die Möglichkeit einer neuen Verhaltensweise zum Teil von dem genetisch festgelegten Spielraum möglicher Modifikation abhängt und daß bestimmte Verhaltensmodifikationen in bestimmten Reifestadien eines Individuums leichter verwirklicht werden können als in anderen. Kawai selbst verzichtet sehr richtig darauf, eine Erklärung zu versuchen.

---

* Die Koshima-Makaken werfen gegenwärtig (1974) den gesammelten Weizen nicht mehr fort, weil dies von Gruppengenossen zu oft ausgenutzt wurde. Heute waschen sie die Körner in der geschlossenen Hand oder in winzigen, überwachbaren Gezeitentümpeln am Ufer.

Wir haben gesehen, daß neuerworbene Verhaltensweisen am bereitwilligsten unter Tieren mit starker sozialer Affinität weitergegeben werden. Die Pfade der Verbreitung einer Gewohnheit folgen sozusagen einem bereits vorher bestehenden Netz von Affinitäten innerhalb der Gruppe und lassen eine Struktur von Untergruppen mit häufigen positiven Interaktionen erkennen. In der Koshima-Gruppe war die Verbreitung einer Gewohnheit stark von verwandtschaftlicher Bindung beeinflußt. Ganze Familien — bestehend aus einer Mutter und ihren Nachkommen — tendierten dazu, als Einheit ein neues Verhalten zu erwerben oder abzulehnen. Zwischen 1951 und 1960 erwarben die Söhne und Töchter des Weibchens Eba beispielsweise durchschnittlich 3,6 der verschiedenen von der Gruppe in dieser Zeit erfundenen Verhaltensweisen, wogegen Nami und ihre Nachkommen pro Individuum lediglich 1,6 der neuen Gewohnheiten annahmen. Die Kinder sind im allgemeinen ebenso aufnahmebereit wie ihre Mütter, doch weiß man bisher nicht, wieviel ihres ähnlichen Verhaltens durch ihre gemeinsamen Gene bedingt ist und wieviel darauf zurückgeführt werden kann, daß sie von derselben Mutter lernen.

Zu den interessantesten Aspekten der Vorgänge auf Koshima gehören die Nebenwirkungen der neuen Traditionen. Die Veränderungen in den Nahrungsgewohnheiten wirkten sich in — auf den ersten Blick gesehen — entfernten Teilen des soziökologischen Systems aus. Die Gewohnheit des Futterwaschens hat zunächst die rasche Nahrungsaufnahme erleichtert, darüberhinaus hat sie aber auch den Weg freigemacht zu einem bis dahin bedeutungslosen Teil des Biotops, nämlich zum Meer. Die Jungtiere der neuen Generation haben das Baden zu einem Teil ihrer Spiele und Erkundungen gemacht. Bei heißem Wetter wurde das Planschen im Wasser zu einem beliebten Zeitvertreib. Die Jungtiere lernten schwimmen, einige von ihnen brachten Seetang vom Meeresboden nach oben, und zumindest eines der Jungtiere schwamm von Koshima zu einer benachbarten Insel. Das Meer wurde so zu einer potentiellen Nahrungsquelle; es hörte auf, ein unüberwindliches Hindernis für mögliche Wanderbewegungen oder sozial bedrängte Flüchtlinge aus der Insel-Gruppe zu sein. Eine einzige Gewohnheit hatte den Weg bereitet für ausgedehnte Veränderungen in der Ökologie und Sozialstruktur der Gruppe. Das stabile System ist nunmehr in eine Phase der Veränderungen eingetreten, die möglicherweise noch weitere Neuerungen auslösen werden, bis sich die Möglichkeiten des Biotops und die Verhaltenslimitationen der Gruppe in einer neuen Stabilität verschränken. Möglicherweise werden neue Selektionsdrucke den Genpool zu beeinflussen beginnen und weitere Änderungen herbeiführen, wie beispielsweise ausgedehntere Futtersuche im Meer.

Die Makaken der Koshima-Insel dürften in ihrem Verhaltenspotential so begrenzt sein, daß bald eine neue Stabilität erreicht sein wird. Es ist aber auch denkbar, daß eine Primatenart gänzlich anderer Prägung niemals wieder eine Stabilität erreicht: Die Veränderungen in ihrem biotop-orientierten Verhalten könnten immer weitere Veränderungen auslösen, die sich schließlich in einer nicht mehr aufzuhaltenden Entwicklung exponentiell vermehren könnten. Das, so scheint es, ist bei unserer eigenen Art der Fall.

Die Rolle der Tradition

Die Verbreitung selbst erfundener Verhaltensformen, wie sie sich im Beispiel der Makaken von Koshima darstellt, bildet die deutlichste bisher bei Affen untersuchte Parallele zur tradierten menschlichen Kultur, obwohl es sich hierbei lediglich um eine Tradition von Verhaltensweisen, nicht von Symbolen, Erwartungen und Werten handelt.

Im ersten Kapitel haben wir die Unterscheidung zwischen genetisch bedingten und erworbenen Unterschieden im Verhalten eingeführt, d.h. zwischen phylogenetischer Adaption und adaptiver Modifikation. Rufen wir uns ins Gedächtnis zurück, wie wir die zweite Kategorie weiter unterteilt haben. Eine Verhaltensweise kann durch Interaktionen des Individuums mit seiner nicht-sozialen Umwelt und durch direktes Lernen von eben dieser Umwelt erworben werden. So lernte Imo das Waschverhalten durch Interaktion mit Futter, Sand und Wasser; die Technik des Fischens, um ein anderes Beispiel zu geben, kann einfach dadurch gewonnen werden, daß man Fische beobachtet und zu fangen versucht; dies haben wir als ökologische Modifikation bezeichnet. Oder man kann sich ein Verhalten durch soziale Modifikation aneignen, d.h. mit irgendwie gearteter Hilfe von Artgenossen, indem man sie entweder imitiert oder von ihnen für ein besonderes spontanes Verhalten sozial belohnt wird, oder indem die Aufmerksamkeit des Individuums auf die Aktivität anderer Tiere gegenüber einem bestimmten Teil der Umwelt gelenkt wird — ein Mechanismus, den die Ethologen „local enhancement" nennen. [Es würde den Rahmen dieses Textes sprengen, wollten wir die Mechanismen diskutieren, die ein Tier dazu veranlassen, sich wie seine Gefährten zu verhalten. Der interessierte Leser sei an das Lehrbuch von Thorpe (1969) verwiesen. Hier müssen wir nur festhalten, daß Imitation nicht die einzige Möglichkeit ist.] Je nachdem, welcher Mechanismus wirksam ist, wird das Individuum schließlich die Bewegungen seiner Artgenossen in allen Einzelheiten kopieren oder nur ihre Neigung übernehmen, bestimmte Dinge zu tun und gleichzeitig andere zu lassen, oder aber es wird lediglich ein Interesse gleich orientieren.

Nicht jede soziale Modifikation des Verhaltens ist zugleich auch eine Tradition. Wollte man den Begriff „Tradition" in diesem weitesten Sinne verwenden, so würde er auch die Kopulationstechnik eines Makakenmännchens umfassen, die sich, wie man weiß, nur in einer normalen sozialen Umwelt herausbildet. Es ist also vernünftig, den Begriff Tradition auf Verhaltensmodifikationen zu beschränken, für die andere Populationen gangbare Alternativen entwickelt haben.

Das Lernen einer Tradition ist auf der Insel Koshima nicht bis in die letzte Einzelheit analysiert worden. Kawais Bericht zufolge sieht es aber so aus, als sei die Imitation von mehreren anderen Mechanismen unterstützt worden. Doch unsere Frage hier lautet nicht, auf welche Weise genau Tradition für den Fortbestand von Kultur verantwortlich ist, sondern welches die spezifischen adaptiven Vorteile der Tradition sind. Unter welchen Bedingungen sind die auf Tradition beruhenden Adaptionen wirkungsvoller als individuelles Lernen und genetische Veränderung, d.h. als die beiden anderen Arten der Adaption? Durch Deduktion erhalten wir folgende Antworten:

1. Tradition ist dem individuellen Lernen überlegen, wenn das neue Verhalten für ein Individuum in direkter Interaktion mit der Umwelt schwer zu erwerben ist. Nicht jeder Makak ist so erfinderisch wie Imo; dazu kommt, daß die verschiedenen Mitglieder einer Gesellschaft für unterschiedliche Arten individuellen Lernens begabt

sind. Mit Hilfe der Tradition können ihre individuellen Leistungen gesammelt werden.

2. Direktes Experimentieren mit der Umwelt kann gefährlich werden, z.B. bei giftigen Futterpflanzen oder bei einer Begegnung mit Raubtieren. In solchen Fällen ist Tradition der sicherere Weg zum Erwerb von adaptivem Verhalten. Tatsächlich fressen junge Primaten nur das, was sie andere verzehren sehen. Wildlebende Mantelpaviane, die nie zuvor Bananen gesehen haben, wagen diese zunächst nicht anzurühren. Dabei fressen sie, wenn sie in Gefangenschaft erst einmal Bananen kennengelernt haben, diese mit Begeisterung. Bei vielen Arten beriechen die Jungen das Maul älterer Gruppenangehöriger, wenn diese gerade am Fressen sind, vermutlich um festzustellen, welche Nahrung die Älteren zu sich nehmen.

3. Einige spezielle Umweltsituationen — beispielsweise Dürre — sind zu selten, als daß jedes Herdemitglied unmittelbare eigene Erfahrungen damit sammeln könnte. In solchen Fällen ist ein erfahrener Alter möglicherweise das einzige Tier in der Herde, das adaptiv reagiert — indem es nämlich zu einem bestimmten, nicht versiegenden Wasserloch außerhalb des normalen Wohngebietes zieht und so gleichzeitig die jüngeren Mitglieder über die Lage dieses Wasserloches informiert. Voraussetzung für Tradition in diesem Fall ist eine hohe Lebenserwartung und zum anderen eine Führungsfunktion der älteren Tiere. Auch ist es von Vorteil, wenn schon eine einzige Erfahrung ausreicht, um das adaptive Verhalten zu etablieren.

Bei schwierigen, gefährlichen und selten möglichen individuellen Adaptionen ist es vorteilhaft, daß sie durch Tradition bewahrt bleiben. Auf diese Weise wird eine Erfahrung ohne die hohen Kosten individueller Adaption vervielfältigt. Genau derselbe Vorteil ließe sich jedoch auch dann erzielen, wenn das adaptive Verhalten genetisch programmiert würde. Wir müssen nun versuchen, die Bedingungen zu umreißen, unter denen Tradition der phylogenetischen Adaption überlegen ist.

Die Antwort liegt auf der Hand. Sie lautet, daß Mutation und Selektion zu lange brauchen, um neue Verhaltensadaptionen zu schaffen. Genetische Programmierung eines adaptiven Merkmals kann nur dann auftreten, wenn die entsprechende Umweltbedingung mehrere Generationen lang fortbesteht und wenn sie über weite Biotopteile der sich intensiv mischenden Population die gleiche ist. Adaptionen an nur wenige Generationen dauernde und bloß lokale Gegebenheiten werden besser durch Tradition bewahrt. Sind diese Verhaltensweisen dazu noch durch direktes individuelles Lernen schwer zu erwerben, dann kann die beste Methode nur eine Tradition individuell erworbenen Verhaltens sein, denn diese ist hier von allen adaptiven Mechanismen am adaptivsten.

Es fällt nicht schwer, einige Verhaltensweisen aufzuzählen, die wahrscheinlich in diese zwischen den Bereichen des individuellen Lernens und der Evolution liegende Klasse gehören. Kenntnisse über die lokale Topographie von Schlafstellen, Wasserlöchern und Futterquellen, vor allem in Jahren mit extremen Wetterbedingungen, über genießbare oder giftige Pflanzen- und Tierarten sowie über Schlupfwinkel und Gewohnheiten lokaler Raubtiere können ohne großes Risiko und große Verzögerungen kaum von jedem einzelnen Herdenmitglied erworben werden. Außerdem schwanken sie zu stark mit der Zeit und von einem Wohngebiet zum anderen, als daß eine genetische Kodierung der entsprechenden Information eintreten könnte oder nützlich wäre. Tradition ist somit der geeignete Träger von Informationen, die nur für einige wenige Generationen in einem begrenzten Gebiet relevant sind. Im Gegensatz dazu ist die unmittelbare individuelle Erfahrung mit der Umwelt dann angemessen, wenn die Information nur das Individuum betrifft, das die Erfahrung macht, und wenn diese Erfahrung leicht zu erwerben ist. Ein Beispiel dafür ist das Kennen und richtige Behandeln von Gruppenmitgliedern sowie die Kenntnis der eigenen sozialen Position innerhalb der Struktur und Hierarchie der Gruppe. Genetische Kodierung ist somit in erster Linie für Verhaltensweisen reserviert, die sich in der ganzen Population oder Art über tausende von Jahren hinweg als adaptiv erweisen, wie das Anklammern an die Mutter oder die Wahl eines über dem Erdboden gelegenen Platzes zum Übernachten.

Obwohl Tradition durch das individuelle Lernen wirksam ist, hat sie mit dem Vorgang der phylogenetischen Anpassung einen interessanten Aspekt gemeinsam. Bei beiden Prozessen verbreitet sich Information in der Population. Nun stellt sich die Frage, wie schnell die alte Information optimal durch die neue ersetzt werden sollte. Ganz allgemein kann das Problem an einer Pavianherde verdeutlicht werden, die eines Tages zum ersten Mal eine Reihe mit Ködern versehener Fallen auf ihrer täglichen Route vorfindet. Der Köder ist bald entdeckt, aber das seltsame Gehäuse, in dem er liegt, wird hartnäckig gemieden. Schließlich begeben sich ein paar Jungtiere in die Fallen und machen sich über die Köder her, während der Rest der Herde sich beobachtend zurückhält. Wie schnell sollte sich das anscheinend adaptive Verhalten, Futter in einem Drahtgehäuse zu verzehren, ausbreiten? Es ist offensichtlich möglich, daß ein neues Verhalten sich zu schnell verbreitet, d.h. bevor seine Adaptivität eingehend geprüft worden ist. Gleichermaßen warnen auf der Ebene der phylogenetischen Adaption die Genetiker vor einer Steigerung der Mutationsraten durch künstliche Bestrahlung, obwohl eine solche Steigerung die Anzahl der angepaßten wie auch der unangepaßten Mutationen vergrößern würde. In beiden Fällen ist der adaptive Wert einer speziellen neuen Information unbekannt und — verglichen mit dem lange bewährten Muster, das durch diese neue Information ersetzt werden soll — höchst fragwürdig. Neues Verhalten wird daher wie ein riskantes Experiment behandelt, dem man nur einen kleinen Teil der Population aussetzt. Als Kandidaten für den das Experiment ausführenden Teil der Population bieten sich die Jungtiere an, denn hinsichtlich der Investition an Nahrung und Erfahrung sind sie am leichtesten zu ersetzen.

Die optimale Größe dieser dem Experiment unterworfenen Fraktion hängt davon ab, in welchem Ausmaß sich der Effekt der Neuerung vorhersagen läßt. Bei der „blinden" genetischen Mutation beträgt die Wahrscheinlichkeit, daß eine Neuerung schädlich ist, beinahe 1,0. Somit sind nur kleine Mutationsraten tragbar. Wenn eine Firma ein neues Buchhaltungssystem einführt, so wird die intelligente Einsicht der Planungsexperten die Wahrscheinlichkeit seines Mißerfolges stark reduzieren, und die Firmenleitung kann sich entschließen, nicht weniger als ein Viertel der Produktionsstätten der Gesellschaft dem Experiment zur Verfügung zu stellen. Auf Koshima erwarben im ersten Jahr nach der Erfindung des Kartoffelwaschens nur 4 der 60 Makaken das neue Verhalten. Wir könnten uns vorstellen, daß riskante neue Verhaltensweisen sich in der Herde langsamer ausbreiten als objektiv sicherere; wir wissen es nicht. Doch besteht kaum ein Zweifel, daß auch konservatives Verhalten adaptiv ist. Die unflexiblen Erwachsenen der Koshima-Herde bilden ein Sicherheitsreservoir der früheren Verhaltensvariante, das die Erfindung um mindestens zehn Jahre überlebt. Sollte sich, z.B. wegen einer parasitären Infektion, das neue Verhalten als schädlich erweisen, so würden sie überleben. Bei der Verbreitung neuer Verhaltensformen hat die Starrheit der erwachsenen Tiere dieselbe Funktion wie niedrige Mutationsraten bei der Evolution.

Zusammenfassung:

1. Das adaptive Potential einer Art ist durch phylogenetische Dispositionen begrenzt. Neue Verhaltensadaptionen sind nur dann möglich, wenn die notwendigen Veränderungen dem ererbten Verhaltensspielraum nahestehen und wenn sie sich im bestehenden Sozialsystem ansiedeln lassen. Unterscheidungen zwischen idealen und lediglich tragbaren Adaptionen machen eine Ursachenforschung über die Art der Entstehung adaptiver Merkmale erforderlich.

2. Bei der Entwicklung ihres gegenwärtigen Sozialsystems haben die Mantelpaviane zwei neue soziale Einheiten eingeführt, die Herde und die Einmann-Gruppe. Das Leben in der Herde fordert nicht viel mehr als eine größere Toleranz der Gruppen untereinander; es ist eine leicht zu verwirklichende Modifikation, die auch bei anderen Pavianarten auftritt. Die Einmann-Gruppe der Hamadryas beruht auf dem Hüteverhalten der Männchen (d.h. auf ihrem Bemühen, weibliche und junge Tiere um sich zu sammeln). Die entsprechenden Verhaltenskomponenten waren in der Gattung der Paviane bereits vorhanden, doch zu ihrer Zusammenfassung im Hütesyndrom waren phylogenetische Adaptionen notwendig. Die Reaktion des Weibchens, dem Männchen zu folgen, kann im Gegensatz dazu experimentell als eine Modifikation identifiziert werden. Die wichtigste sekundäre Adaption innerhalb des neuen sozialen Systems ist eine Hemmung der Männchen, sich die Weibchen der anderen Männchen anzueignen. Das Hamadryas-System wird verglichen mit Hypothesen über den Ursprung der Paarbindungen beim Menschen.

3. Andere Arten bauen Einmann-Gruppen mit ganz anderen Verhaltensweisen auf. Bei den Dscheladas helfen die dominanten Weibchen dem Männchen dabei, Kontakte der Gruppen untereinander zu verhindern. Die voneinander getrennt lebenden Einmann-

Zusammenfassung

Gruppen der Husarenaffen haben keine solchen Probleme: ihre Einmann-Gruppen entfernen sich voneinander, weil die Männchen sich gegenseitig nicht in ihrer Nähe dulden. Dscheladas und Mantelpaviane bilden Herden, denn die Männchen ziehen sich gegenseitig an und sind in der Lage, sich einander zu unterwerfen. Die Anwesenheit von Weibchen wirkt der Anziehung der Männchen zueinander entgegen.

4. Japanische Makaken liefern ein Beispiel für eine besondere Form von Modifikation, für die Tradition. Kartoffel- und Weizenwaschen wurde von einem Individuum erfunden und von der Gruppe imitiert. Erwachsene Tiere waren dem neuen Verhalten gegenüber resistenter als junge, und unter den erwachsenen Tieren waren die Männchen ablehnender als die Weibchen. Enge soziale Bindungen erleichterten das Weitergeben der Gewohnheit. Die neue Tradition hatte Nebenwirkungen: in der Tradition aufgezogene Jungtiere lernten auch schwimmen, tauchen und das Würzen der Nahrung in Salzwasser.

5. Anpassung durch Tradition ist adaptiver als individuelles Lernen, wenn der Erwerb des neuen Verhaltens schwierig, gefährlich oder selten möglich ist. Tradition ist der phylogenetischen Adaption überlegen, wenn das Verhalten sich rasch wechselnden oder lediglich lokalen Gegebenheiten anpassen muß.

Kapitel V
Wie flexibel ist das Merkmal?

Will man Verhaltensadaptionen in der Natur untersuchen, so bietet sich dazu eine besonders schöne Gelegenheit, wo zwei Arten mit gemeinsamen Vorfahren aber unterschiedlicher Organisationsform miteinander in Berührung kommen. Als wir 1968, zu Beginn unserer zweiten Freilanduntersuchung, erfuhren, der neu gegründete Auasch-Nationalpark in Äthiopien sei sowohl von Mantelpavianen als auch von Anubispavianen bewohnt, entschlossen wir uns kurzerhand, dort zu arbeiten. In den darauffolgenden Tagen kreisten die Diskussionen unseres Teams um die vermutliche Natur der Artgrenze zwischen den familienlebenden Mantelpavianen und ihren familienlosen Verwandten. Warum befand sich diese Grenze in Auasch statt irgendwo anders? Würde eine Analyse der Grenzzone uns Aufschluß über die ökologischen Faktoren geben, welche die spezialisierte Organisation der Mantelpaviane begünstigen? Sollte das Einmanngruppen-System tatsächlich einen ökologischen Vorteil bieten, dann würden die Mantelpaviane sich wahrscheinlich genau so weit nach Westen ausdehnen wie die dieses System fördernden Gegebenheiten des Biotops. Da physische Barrieren fehlen, müßten die Anubispaviane genau dort übernehmen, wo die sich ändernden Umweltfaktoren ihre familienlose Organisation mit großen geschlossenen Gruppen zu begünstigen beginnen. Bevor wir die Arbeit an dem Projekt aufnahmen, entwickelten wir ein einfaches Modell, in dem zwei gegenläufige Erfolgsgradienten sich in einer Zone mit gleichem Überlebenswert für beide Arten trafen.

In Auasch stellten wir tatsächlich einen ökologischen Übergang fest. Flußaufwärts und im Westen fließt der Auasch auf gleicher Höhe mit der ihn umgebenden Dornbuschebene. An den Flußufern wächst ein Galeriewald, dessen Bäume bis zu 20 m hoch werden. Dieses ganze Gebiet ist von Anubisgruppen bewohnt, die in dem Galeriewald übernachten und tagsüber zur Nahrungssuche Streifzüge in den Dornbusch unternehmen. Dieses Bild ändert sich abrupt, sobald man nach Camp Auasch kommt. Über die riesigen Auasch-Fälle stürzt der Fluß in einen Cañon, der nach Osten zur Danakilwüste ständig tiefer und breiter wird. Am Fuß der steilen Abhänge dieses Landeinbruches wächst nur ein dünner, lückenhafter Galeriewald, über dem sich die endlosen Felsbänder des Cañon erheben (Abb. 5.1). In dem Cañon fanden wir zunächst nur Hamadryas, die die Nacht in den Felsklippen verbrachten. Berichten aus anderen Teilen Afrikas zufolge schlafen Anubispaviane vorwiegend auf Bäumen, und was die Mantelpaviane betrifft, so hatten wir sie noch niemals irgendwo anders als auf Felsklippen schlafen sehen. Die Antwort auf unsere Frage sah enttäuschend einfach aus: Bäume, aber keine Felsen, bedeutete Anubis; Felsklippen, aber keine Bäume, hieß Hamadryas.

Später schloß sich Ueli Nagel unserer Gruppe an. Er wollte im Rahmen einer Diplomarbeit der Grenze zwischen den Arten seine besondere Aufmerksamkeit widmen. Seine quantitativ vergleichende Analyse bestätigte, daß der Unterschied zwischen dem Biotop oberhalb und unterhalb der Fälle hauptsächlich im Verhältnis von Bäumen zu Felsklippen bestand. Oberhalb der Fälle bedeckte der Galeriewald eine größere Fläche pro Einheit Uferlänge als unterhalb der Fälle, und die Zahl der Baumarten in diesem Wald sank von 14 oberhalb der Fälle auf 11 unterhalb der Fälle und 8 weiter flußabwärts im Cañon. Der ökologische Wechsel war jedoch nur entlang des Flusses deutlich erkennbar; die Dornbusch- und Grasflächen landeinwärts, wo alle Paviane einen Teil ihrer Nahrung suchten, änderten sich von Westen nach Osten nicht signifikant. Die Sicht im Busch in Höhe eines stehenden Pavians war in beiden Gegenden schlecht, sie betrug durchschnittlich 9 bis 10 m. Dennoch dauerte es nicht lange, bis Nagel unsere Hypothese ins Wanken brachte: Die erste Paviangruppe, die er unmittelbar unterhalb der Fälle antraf, bestand nämlich aus Anubispavianen; und diese schliefen in Felsklippen, obwohl der dort vorhandene Galeriewald einige anscheinend geeignete Schlafbäume enthielt. Ihre Sozialordnung ließ jedoch keinerlei Anzeichen von Einmann-Gruppen erkennen: sie war eine typische Anubis-Organisation.

Warum bestand die erste Gruppe unterhalb der Fälle aus Anubispavianen, und warum gab es weiter unten keine mehr? Nagel

Abb. 5.1. Der Auasch-Cañon unterhalb der Fälle, mit Felsklippen und einem schmalen Galeriewald. Abhänge und Hochebene sind mit dornigem Akazien-Buschwerk bedeckt. (Fotografie von U. Nagel)

vertrat die Meinung, die Anwesenheit der Gruppe im Cañon sei mit der Annahme, daß Anubispaviane für die Lebensbedingungen im Cañon weniger geeignet seien als Mantelpaviane, ohne weiteres vereinbar. Wenn die Anubis oberhalb der Fälle erfolgreicher und fruchtbarer seien als die Mantelpaviane im Cañon, dann sei es denkbar, daß überzählige Anubispaviane die ökologische Grenze überschritten und eine unter weniger günstigen Bedingungen lebende Grenzgruppe durch ständige Zuwanderung aufrecht erhielten. In der Tat unterschied sich diese Gruppe von allen anderen durch das starke Auftreten von Hauterkrankungen. Das Überfließen von Anubisgenen über die ökologische Grenzlinie lehrte uns indessen wenig darüber, was nun adaptiv war, sondern eher etwas über die Flexibilität adaptiver Merkmale: In ihren Schlafgewohnheiten paßten sich die normalerweise auf Bäumen übernachtenden Anubispaviane den örtlichen Gegebenheiten an, in ihrer Sozialstruktur dagegen blieben sie ihrer Art, d.h. ihren Genotypen oder vielleicht irgendeiner starren Tradition, treu.

Nagels Untersuchungen brachten bald eine zweite Überraschung. Die drei nächsten Gruppen, die er stromabwärts antraf, waren keine Mantelpaviane, sondern Hamadryas-Anubis-Mischlinge (Hybriden) aller Schattierungen. Die ersten reinen Mantelpaviane lebten 20 km unterhalb der Fälle. Alle Hybridengruppen nächtigten auf Felsen — wie dies auch die Hamadryasgruppen weiter flußabwärts taten —, aber in ihrer gesellschaftlichen Organisation schienen sie sich nach ihren Genen zu orientieren und nicht nach dem Biotop. Die Sozialstruktur der Hybriden ließ eine seltsame Mischung aus Merkmalen der Anubis- und der Mantelpaviane erkennen. Es gab zwar Einmann-Gruppen, doch waren sie in der Mehrzahl klein und unstabil. Und obwohl einige der Männchen ebenso aktiv wie reine Mantelpaviane Weibchen hüteten, waren sie bei ihren Bemühungen um die Bildung eines Harems doch nicht sehr erfolgreich; vielleicht waren ihre Drohungen und Attacken den Weibchen gegenüber zeitlich nicht präzis genug auf „Unfolgsamkeiten" der Weibchen abgestimmt.

Somit stimmte der ökologische Übergang von einer Wald- zu einer Felsenlandschaft genau mit einem Wechsel der Schlafgewohnheiten der Paviane überein, wogegen die Sozialstruktur von der ökologischen Veränderung nicht direkt betroffen wurde. Anubisherden ohne Einmanngruppen, Hamadryasherden mit Einmanngruppen und dazwischen die Hybridengesellschaften lebten alle in demselben Biotop. Das bedeutete, daß jede der Pavianarten in der Lage war, ihre Schlafgewohnheiten lokalen Gegebenheiten entsprechend zu modifizieren, daß sie aber eine relativ starre soziale Organisation bewahrte.

Da die Veränderung eines sozialen Systems zweifellos einen komplexeren Vorgang darstellt als die Umgewöhnung von einem Baum auf einen Felsen, ist dieser Unterschied in der Beteiligung der Gene nicht verwunderlich. Eine Reihe von Beobachtungen bestätigen diesen Eindruck. Erstens ist bisher niemals von einer Anubispopulation in Äthiopien oder in anderen Teilen Afrikas berichtet worden, die stabile Einmanngruppen bildete, und was die Mantelpaviane betrifft, so muß eine Herde ohne Einmanngruppen erst noch gefunden werden. Andererseits weiß man, daß Anubispaviane in verschiedenen afrikanischen Gegenden, in denen hohe Bäume selten sind, auf Klippen übernachten. In der Serengeti-Steppe hat eine Anubisgruppe beispielsweise einen Felsbuckel inmitten einer weiten, nahezu baumlosen Ebene kolonisiert. Eine Gruppe von Anubispavianen in Äthiopien übernachtet gelegentlich sogar auf eisernen Stromleitungsmasten. Wie um das Beweismaterial zu vervollständigen, fand sich eine Hamadryasherde in dem flachen, felslosen Cassamtal nördlich des Auasch, die die Nacht in hohen Bäumen entlang des Flusses verbrachte. Dennoch sind die Cassam-Mantelpaviane in Einmanngruppen organisiert. Die Übergangsituation bei den Auasch-Fällen liefert somit ein Beispiel für die bereits früher skizzierten zwei Methoden der Adaption. Die Schlafgewohnheiten sind ein Beispiel für Modifikation, wogegen die Sozialstruktur der beiden Arten auf das Wirken phylogenetischer Adaption hinweist.

Die Tatsache, daß die Artengrenze nicht exakt mit der ökologischen Grenze übereinstimmte, erlaubte eine weitere Differenzierung von art-typischen und biotop-typischen Verhaltensweisen. Die Länge der täglich zurückgelegten Strecke gehörte, wie Nagel herausfand, zur letzteren Klasse. Zwischen den durchschnittlich 5 km der Anubis oberhalb der Fälle, den 7 km der Hybriden im Cañon und den 6,4 km der Mantelpaviane weiter flußabwärts gab es keinen gesicherten Unterschied. Dagegen unterschieden sich diese Zahlen signifikant von den rund 13 km der weiter östlich in der trockenen Danakilebene lebenden Hamadryas-Population.

Interessante Unterschiede zeigten sich in der Präferenz der Gruppen für die Waldgebiete ihrer jeweiligen Biotope. Die Mantelpaviane verbrachten signifikant weniger Zeit in dem Galeriewald als die Anubispaviane oberhalb der Fälle, vermutlich deshalb, weil in dem Cañon-Biotop die Wälder relativ weniger Nahrung boten. Die Hybriden hielten sich während der Nahrungssuche ebenso wenig im Wald auf wie die Mantelpaviane; beim Rasten dagegen nahmen sie eine Zwischenstellung zwischen den beiden reinen Arten ein. Allem Anschein nach war ihre Futtersuche dem Cañon-Biotop angepaßt, den sie mit den Mantelpavianen teilten. Aber im Rasten — das ja überall möglich ist — schienen sich die ererbten Präferenzen für Wald oder offenes Land widerzuspiegeln (Abb. 5.2).

Die Aufspaltung der Herden für die Nacht stellt ein weiteres Beispiel der Plastizität dar. Die Anubispaviane im Galeriewald oberhalb der Fälle schlossen sich zum Schlafen in großen Gruppen zusammen. Im Gegensatz dazu übernachteten alle im Cañon lebenden Pavianherden, auch die Anubispaviane, in getrennten Trupps wechselnder Mitgliederzahl. Dieses artunabhängige Merkmal läßt auf eine lokale Modifikation schliessen. Eine große Gruppe, die sich in Trupps wechselnder Größe aufspalten kann, scheint in einem Biotop wie dem Cañon mit seinem begrenzten und weit verstreuten Futterangebot und seiner Vielzahl von Schlafplätzen adaptiv zu sein. Nimmt man die weiter im Binnenland lebenden Populationen beider Arten als Maßstab, so sah es bisher so aus, als ob stabile Schlafgruppen für Anubispaviane typisch seien, wogegen wechselnde Schlafgesellschaften ein Hamadryas-Merkmal darstellen. An der Artengrenze zeigte sich deutlich, daß Anubispaviane sich ebenfalls in wechselnden Zusammensetzungen aufteilen und wieder zusammenschließen können, obwohl ihre Sozialstruktur für diesen Vorgang weniger geeignet scheint.

Ähnliche Erkenntnisse kann man in Gegenden gewinnen, in denen sich zwei verwandte Arten in denselben Biotop teilen, d. h. wo sie — wie es in der Sprache der Zoologen heißt — sympatrisch sind. Ein Beispiel dafür ist die Untersuchung der beiden britischen Forscher John Crook und P. Aldrich-Blake (1968) in einem Restwaldbiotop bei Debre Libanos im äthiopischen Hochland. Hier erscheint

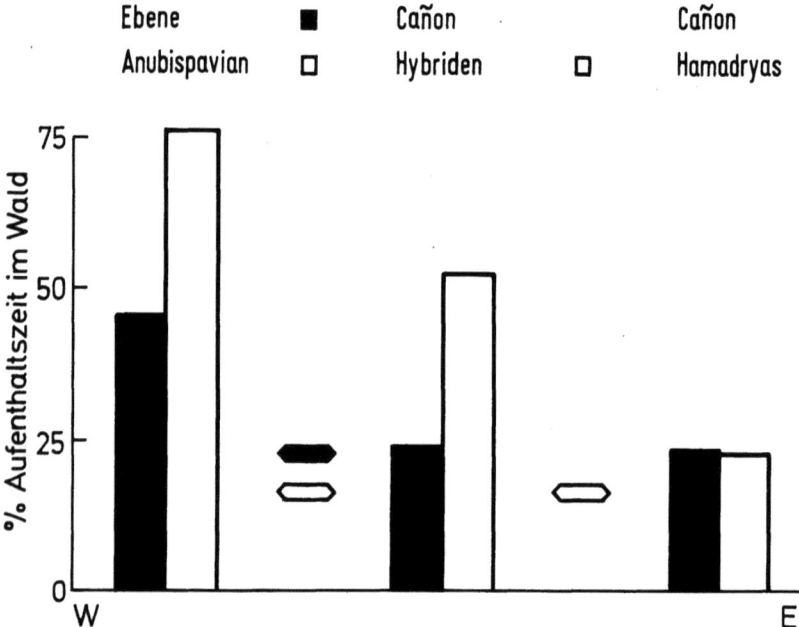

Abb. 5.2. Prozentsätze der von Anubispavianen, Hybriden und Mantelpavianen auf der Nahrungssuche (schwarze Säulen) und zum Rasten (weiße Säulen) im Wald verbrachten Zeit in einem über die Artengrenze gelegten Querschnitt. ■ gibt den Übergang vom Flachland-Biotop zum Cañon-Biotop an; □ zeigt einen Wechsel im Genotyp an. Doppelpfeile (◆ ◇) weisen auf einen signifikanten (0,01) Unterschied im Prozentsatz hin. Es zeigt sich, daß die Häufigkeit der Nahrungssuche im Wald mit dem Biotop variiert, während die Häufigkeit des Rastens im Wald sich mit dem Genotyp ändert. (Nach Nagel, umgezeichnet)

Papio anubis erneut in einem Grenzbiotop, der in diesem Fall jedoch die Grenze zu einer offenen, grasbewachsenen Berglandschaft statt, wie in der Auasch-Region, zu den tiefgelegenen Halbwüsten bildet. Sein Nachbar hier ist nicht Papio hamadryas sondern Theropithecus gelada. Wie der Hamadryas bewohnt auch der Dschelada extreme Biotope mit wenigen oder gar keinen Bäumen. Der Anubis mit seinen Mehrmännergruppen bewohnt die ursprünglich reich bewaldete mittlere Region zwischen dem kalten Hochland und den tiefgelegenen, trockenen Ebenen.

Anders als die beiden Pavianarten kreuzen sich Dschelada und Anubis in freier Wildbahn nicht. Daher ist es möglich, daß die beiden reinen Arten gemeinsam denselben Biotop bewohnen, und in dem Beobachtungsgebiet um das Kloster Debre Libanos tun sie das auch tatsächlich. Dieses Kloster liegt am Hang einer tiefen und engen Schlucht im Gebiet des Blauen Nils, knapp 70 km nördlich von Addis Abeba. Ökologisch gesehen umfaßt diese Region drei Teile: (a) einen kleinen Wald, der der Kirche gehört und ein Relikt der ursprünglichen Vegetation darstellt aus der Zeit, bevor der Mensch diese zu zerstören begann, (b) niedriges Buschwerk, das die steileren Hänge bedeckt, sporadisch durchsetzt mit senkrecht aufsteigenden Felsklippen und (c) Acker- und Grasland, beides in der Trockenzeit kahl und ausgedörrt.

Diese drei Zonen wurden von ungefähr 80 Anubispavianen und 300 Dscheladas gemeinsam bewohnt, wobei beide Arten allerdings deutlich unterschiedliche Präferenzen erkennen ließen. Nahezu die Hälfte der Anubistruppe aus einer beliebig herausgegriffenen Menge wurden im Wald gesichtet, nur wenige hielten sich im offenen Busch oder auf den Feldern auf. Die Dscheladas dagegen fanden sich überwiegend im offenen Gelände und mieden den Wald. Der Grund dafür war nicht etwa, daß eine Art die andere von bestimmten Teilen des Biotops vertrieben hätte. Es wurden keinerlei Kämpfe zwischen Anubis und Dscheladas beobachtet, noch sah man sie sich gegenseitig verjagen; im Gegenteil bildeten sie verschiedentlich mehrere Minuten lang gemischte Trupps. Ihre Präferenzen sind daher das Ergebnis freier Entscheidungen auf der Grundlage artspezifischer Neigungen.

Mit der Vorliebe für einen speziellen Vegetationstyp verknüpft waren andere Verhaltensunterschiede von ökologischer Bedeutung: Die Dscheladas erkletterten niemals einen Baum, selbst dann nicht, wenn sie sich einmal im Wald aufhielten. Anubispaviane rasteten und spielten im Wald häufig auf den Bäumen und pflückten dort Früchte. Von heftigem Regen oder Hagel überrascht, stürzten die Dscheladas zu einem überhängenden Felsen, während die Anubispaviane Bäume mit dichter Laubkrone erkletterten. Bei der Futtersuche bevorzugten die Dscheladas die Knollen, Wurzeln, Samen und Blätter, die auf den offenen Grasflächen zu finden waren; selbst in der Nähe von Bäumen zogen sie die auf dem Boden liegenden kleinen trockenen Oliven den ganzen Olivenfrüchten, Palmfrüchten, Kaktusfeigen und frischen Zweigen vor, die den Anubispavianen als Nahrung dienten. Auf der Suche nach Futter gruben die Dscheladas kleine Bissen aus und sammelten sie, wobei sie auf dem Boden saßen und auf ihrem Gesäß vorwärtsrutschten. Die Anubispaviane dagegen streiften umher, wählten einen saftigen Bissen aus und ließen sich dann nieder, um ihn zu zerlegen und zu zerkauen. Die typische Fertigkeit der Dscheladas bei der Nahrungsaufnahme bestand darin, mit einer Hand rasch und säuberlich ein Bündel Blätter zusammenzuraffen. Dagegen waren die Anubispaviane Experten darin, Dornen und Stacheln von Opuntienblättern und -früchten zu entfernen, indem sie die Stacheln abpflückten und die Früchte auf dem Boden hin und herrollten.

Das Gebiß der Dscheladas ist dafür eingerichtet, kleine, harte Bissen zu zermahlen. Dieses zweifellos „angeborene" Merkmal läßt vermuten, daß ihr Spielraum bevorzugter Nahrung nicht sehr groß ist und daß sie darum leichter zu verspeisende Nahrung unbeachtet lassen, selbst dort, wo diese leicht zu bekommen ist, wie bei Debre Libanos. In der Tat konnten Crook und Aldrich-Blake wahrscheinlich machen, daß mehr Anstrengung erforderlich ist, um bei Dscheladakost eine ausreichende Ernährung sicherzustellen: zumindest zwischen 10 Uhr morgens und 5 Uhr abends brachten die Dscheladas 35 bis 70% ihrer Zeit mit der Nahrungssuche zu, während die Anubis zu diesem Zweck lediglich 20% ihrer Zeit brauchten. Schließlich hing die Bevorzugung von Vegetationstypen mit den Fluchtgewohnheiten der beiden Arten zusammen. Wenn die Dscheladas von Menschen gestört wurden, so stießen sie durchdringende Alarmschreie aus und rannten zu irgendwelchen Felsklippen hin. Da sie im offenen Gelände ohnehin deutlich sichtbar waren, brachte es keinen Vorteil, wenn sie sich still verhielten. Im Gegensatz dazu hörten die Anubispaviane, sobald sie eine sich nähernde Person ausmachten, zu bellen auf und schlichen sich leise durch die Büsche und Bäume fort. Diese Unterschiede verrieten, welche Komponenten des Ökoverhaltens relativ starre Artmerkmale darstellen. Doch die Untersuchung bei Debre Libanos zeigte auch Lebensgewohnheiten, bei denen die beiden Populationen sich gleich verhielten und damit von dem sonst üblichen Verhalten ihrer Arten abwichen. Diese Merkmale bezeichneten die flexiblen Elemente ihrer Adaptionen, d. h. den Spielraum ihrer Modifikationen. Zum Beispiel übernachteten die Anubispaviane wieder auf Felsklippen, wie sie dies auch an der Hamadryas-Artgrenze am Auasch getan hatten. Außerdem bildeten sowohl Dscheladas wie auch Anubis tagsüber kleine soziale Einheiten wechselnder Größe. In einem normalen Anubis-Biotop gehören einer Gruppe im Durchschnitt ungefähr 70 Individuen an, während die Dscheladaherden in ihrem Hochgebirgsbiotop im Semyen gewöhnlich aus mehr als 100 Tieren bestehen: bei Debre Libanos traten beide Arten im allgemeinen in kleinen Gruppen von 15 bis 20 Tieren auf. Typische Anubisgruppen behalten für mindestens ein paar Tage oder Monate eine konstante Mitgliederzahl bei; bei Debre Libanos gab es beinahe ständig Umgruppierungen.

Wie es schien, lebten beide Arten unter suboptimalen Bedingungen in einem Grenzbiotop; wie auch bei dem Auasch-Beispiel waren beide Arten in der Lage, ihre Gruppengröße zu verändern, nicht aber ihr grundlegendes Sozialsystem. Die Anubispaviane hielten an dem promisken System fest, obwohl ihre gewöhnlich geschlossenen Gruppen sich aufgelöst hatten. Ihre Weidetrupps waren relativ unstabil. Die Dscheladas andererseits hielten an dem Einmann-System fest, das Crook schon früher bei ihren zentralen Populationen in den Semyenbergen festgestellt hatte. Die kleinen Dscheladatrupps bei Debre Libanos waren überwiegend Einmanngruppen, sie zählten niemals weniger als 4 Mitglieder und blieben über eine beträchtliche Zeitspanne stabil. Bei der Erörterung der Grenzsituation am Auasch haben wir die Hypothese aufgestellt, ein System von Einmanngruppen sei vorteilhaft, da es präformierte Teilungslinien biete. Der Debre Libanos-Fall läßt weitere Vorteile erkennen: Die Einmanngruppen sind stabile Kleinsteinheiten; ihr starker Zusammenhalt setzt eine untere Grenze für das Aufsplittern. Gleichzeitig garantiert ihre Zusammensetzung, daß es in jedem Trupp zumindest ein großes erwachsenes Männchen gibt.

Artgrenzen wie am Auasch und wie bei Debre Libanos sind deswegen so interessant, weil sie genetisch verschiedene Populationen in ihrer Adaption an dieselben oder ähnliche Biotope zeigen. Wie wir gesehen haben, variierten in beiden Fällen bestimmte Verhaltensmerkmale, z. B. das Übernachten auf Felsklippen, mit dem Biotop, aber unabhängig von der betreffenden Art (Tab. 5.1). Bei diesen lokalen Modifikationen ähneln die Grenzpopulationen einander und weisen gegenüber ihren Artgenossen in weiter im Binnenland gelegenen, typischeren Gegenden Unterschiede auf. Im allgemeinen ist zu

Tabelle 5.1. Vorläufige Unterscheidung zwischen arttypischen und biotoptypischen Verhaltensweisen der drei Pavian- und pavianähnlichen Arten, wie es sich aus ihrem Verhalten an gemeinsamen Artgrenzen ableiten läßt

	Verhalten abhängig von	
	lokalen Biotopen, aber unabhängig von der Art	der Art, aber unabhängig vom lokalen Biotop
Anubis-Hamadryas-Grenze (Auasch)	Größe und Stabilität der Gruppe, Zeit der Nahrungssuche im Wald, Länge des Tagesmarsches, Art der Schlafstelle	Sozialsystem, Rastzeit im Wald
Anubis-Dschelada-Grenze (Debre Libanos)	Größe und Stabilität der Gruppe, Art der Schlafstelle	Sozialsystem, Präferenz für dichte oder offene Vegetation, Weidetechnik und Nahrungswahl, Fluchtverhalten
Interpretation	relativ flexible Merkmale mit schwacher genetischer Kontrolle: Modifikationen, die Adaptionen an lokale Gegebenheiten erlauben	relativ starre Merkmale mit starker genetischer Kontrolle: phylogenetische Adaptionen, die Adaptionen nur an durchschnittliche Gegebenheiten im gesamten Gebiet der Art erlauben

erwarten, daß Modifikationen ein Ausdruck lokaler Gegebenheiten sind.

Andere Verhaltenssysteme, vornehmlich die Sozialordnungen der drei Arten, verändern sich nicht mit den Umweltbedingungen, sondern sind völlig arttypisch. Sie treten auch dann auf, wenn die benachbarte oder sympatrische Art ein unterschiedliches Sozialsystem aufweist, das unter den lokalen Bedingungen adaptiver zu sein scheint. Diese Starrheit beruht möglicherweise auf Tradition; wahrscheinlicher aber ist sie ein Ergebnis genetischer Kontrolle, d. h. phylogenetischer Adaption. Paviane sind vermutlich einfach unfähig, ihre Sozialsysteme ohne umfangreiche Unterstützung durch den genetischen Code herauszubilden. Der Preis für diese Hilfestellung ist, daß sie nicht in der Lage sind, rasch zwischen zwei oder mehreren Sozialsystemen zu wechseln. Zwar sind die phylogenetischen „Adaptionen" an die durchschnittliche Umwelt der Art angepaßt, doch können sie ohne Zweifel für lokale Gegebenheiten unangepaßt sein. Die Population wird dennoch überleben, wenn ihr genetisches Programm im ganzen gesehen erfolgreich ist. In solchen Fällen ist die häufige Annahme, daß ein spezielles Merkmal, nur weil es in einem besonderen Biotop auftritt, eine Adaption an eben diesen Biotop darstellt, offensichtlich unrichtig.

Die Adaptionsforschung hat zwei verschiedene Aufgaben zu erfüllen. Zuerst soll sie die adaptive Funktion jedes Merkmals in mehreren Biotopen aufzeigen; und als zweites besteht ihre Aufgabe darin, den Variationsspielraum jedes Merkmals auf der Basis des vorhandenen Erbes zu bestimmen und auf diese Weise das adaptive Potential der Population abzuleiten. Scharfe geographische Übergangszonen zwischen Arten oder Biotopen können bei der Erfüllung dieser zweiten Aufgabe eine große Hilfe sein.

Zusammenfassung:

Wo zwei Arten an einer gemeinsamen Grenze zusammentreffen, ist der Übergang zwischen den beiden Genotypen oft abrupter als zwischen den zwei Biotopen. Bei einigen ihrer Verhaltensweisen können die Grenzpopulationen beider Arten sich einer ähnlichen Lebensform nähern, offensichtlich indem sie diese Verhaltensformen in Anpassung an die Grenzbedingungen modifizieren. Bei anderen Verhaltenselementen zeigen sie keine Anpassung an die lokalen Gegebenheiten, sondern verhalten sich so, wie ihre Art das überall in ihrem Verbreitungsgebiet tut. Der Übergang an der Grenze verläuft in solchen Fällen dem abrupten Wechsel des Genotypus parallel. Auf diese Weise macht eine Artgrenze häufig eine vorläufige Unterscheidung zwischen Modifikationen und tief verwurzelten phylogenetischen Adaptionen möglich. Das Sozialsystem der Paviane gehört allem Anschein nach zu der zweiten Kategorie.

Kapitel VI
Mensch und andere Primaten — ein Vergleich

Verbreitung

Es gibt zahlreiche Kriterien für den Erfolg einer Art; eins davon ist ganz einfach ihre geographische Verbreitung. Selbst ein oberflächlicher Blick auf das, was Affen und Menschen bei der Besiedlung der Erde erreicht haben, läßt erkennen, daß das Gebiet des homo sapiens die Verbreitungsgebiete aller anderen Primatenarten einschließt. Tatsächlich erstreckt sich das Areal, in dem es Menschen gibt, sogar weit über den gesamten Bereich der anderen Primaten hinaus, vor allem zu den Polen hin, aber auch von den Kontinenten ausgehend zu den ozeanischen Inseln.

Die Verbreitung des Menschen läßt darauf schließen, daß er sich in bezug auf seine ökologischen Bedürfnisse irgendwie von dem Rest der Primaten unterscheidet. In den afrikanischen Regenwäldern sind zahlreiche Primatenarten sympatrisch. Sie können alle in demselben Biotop überleben, da er eine Vielzahl ökologischer Nischen aufweist, und so überrascht es nicht, daß es dort auch eine Nische für den Menschen gibt. Das Bild verändert sich, sobald wir den Regenwald verlassen und uns in die Savanne begeben: dort sinkt die Zahl der sich in einen gemeinsamen Biotop teilenden Primatenarten auf zwei oder drei. Unter ihnen ist immer noch der Mensch. In den Halbwüsten und kälteren Gegenden schließlich finden wir in jedem Gebiet jeweils nur eine einzige Art niederer Affen. Die Halbwüsten an den Küsten des Roten Meeres sind nur von Mantelpavianen bewohnt, die kalten und kahlen Gebirgsgegenden Äthiopiens nur von Dscheladas; in den unwirtlichen Bergen von Tibesti finden sich nur Anubispaviane, und auf den Hängen des Atlas leben nur Berberaffen. Da es keine physischen Hindernisse gibt, die andere Arten an der Besiedlung der Gebiete von Mantelpavianen und Dscheladas hindern, müssen wir schließen, daß ihre Biotope den Primaten jeweils nur eine einzige ökologische Nische zu bieten haben. Doch selbst hier finden wir den Menschen. Allem Anschein nach unterscheidet sich seine ökologische Nische so sehr von der anderer Pionier-Primaten, daß beide zusammen in derselben kargen Umwelt leben können.

Blicken wir weiter nordwärts, so finden wir weit jenseits der Bereiche der letzten nicht-menschlichen Primaten immer noch jene selbe Art Mensch, die wir zuerst inmitten Dutzender anderer Primatenarten im äquatorialen Regenwald angetroffen haben. Seine Überlebenstechniken ständig ändernd, scheint der Mensch sich in jeden auf dem trockenen Land vorhandenen Biotop einzufügen. Beinah nackt im Regenwald, legt er sich im Norden ein Haarkleid aus Tierfellen um, und in der Arktis tragen ihn hölzerne Verlängerungen seiner Füße über den Schnee und machen ihn, ökologisch gesehen, zu einem anderen Lebewesen. Das Instrument, mit dem er sich und seine Nischen umformt, ist seine Kultur. Dem geographischen Mosaik der nicht-menschlichen Primaten, die eingeengt sind in dem begrenzten Verbreitungsgebiet ihrer jeweiligen Art und beschränkt auf eine einzige Lebensweise, steht die nahezu universelle Verbreitung des ökologisch polymorphen Menschen gegenüber.

Diversität der Sozialstrukturen

Ökologischer Polymorphismus erfordert auch ein polymorphes Verhalten. Somit sollte der weite Anpassungserfolg seinen Ausdruck auch in einer Vielzahl sozialer Strukturen finden. Da der Mensch in einer größeren Zahl von Biotopen überlebt als alle anderen Primatenarten zusammengenommen, sollte man annehmen, daß sein Sozialverhalten — soweit es sich auf ökologische Gegebenheiten bezieht — entsprechend variiert. Der Verhaltensspielraum des Menschen müßte dann also so groß sein wie der nicht einer, sondern vieler Primatenarten. Dies scheint, zumindest in einer Hinsicht, korrekt zu sein: Eine Primatenart weist im allgemeinen nur einen einzigen Typ sozialer Ordnung auf. Zum Beispiel sind alle bisher untersuchten Gibbonpopulationen in monogamen Paaren — bestehend aus einem Männchen, einem Weibchen sowie deren Jungen — organisiert. Soweit wir wissen, leben alle heute bekannten Mantelpaviane und Dscheladas in Fortpflanzungseinheiten von einem Männchen und mehreren Weibchen, Savannenpaviane immer in größeren, mehrgeschlechtigen Einheiten. Im Gegensatz dazu reichen die Sozialstrukturen unserer eigenen Art von monogamen bis zu polygynen Systemen und schließen sogar polyandrische Familien ein, die bei den Primaten unbekannt sind.

Allerdings kann man sich vorstellen, daß die nicht-menschlichen Primatenarten nicht ganz so homogen in ihrer Struktur sind, wie es gegenwärtig den Anschein hat, da von jeder Art bisher nur einige wenige Populationen untersucht worden sind. Eine größere Stichprobe könnte vielleicht Abweichungen vom Üblichen ergeben, die — wie Polyandrie beim Menschen — in einer kleinen Stichprobe nicht entdeckt würden. Wir wissen bereits, daß die indischen Languren *(Presbytis entellus)*, die in vielen Gegenden Mehrmännergruppen bilden, sich in bestimmten anderen Regionen auch in Einmanngruppen organisieren können.

Sollte sich der gegenwärtig vorherrschende Eindruck, daß die meisten Primatenarten nur eine einzige soziale Organisationsform besitzen, bestätigen, so könnte man dies als Beweis eines engen Modifikationsspielraums ansehen. Doch wäre eine solche Schlußfolgerung verfrüht. Der technologische Erfolg des Menschen hat sein Sozialverhalten einer weit größeren Varietät von Umweltgegebenheiten ausgesetzt, als dies bei irgendeinem anderen Primaten der Fall ist. Eine derartige Mannigfaltigkeit muß — irgendwann oder irgendwo — nahezu jede Verhaltensmodifikation hervorgerufen haben, deren der Mensch fähig war. Würde man andere Primatenarten einer ähnlichen Vielfalt modifizierender Einflüsse aussetzen, so würden sie vielleicht ebenfalls ein breiteres Potential für verschiedenartige soziale Organisationsformen erkennen lassen. Andererseits gibt das Beispiel der Mantelpaviane Grund zu der Vermutung, daß das genetische Potential einiger nicht-menschlicher Arten tatsächlich auf einen einzigen Gesellschaftstypus festgelegt ist, der durch Umwelteinflüsse kaum zu ändern wäre*.

---

* Kaumanns hat kürzlich auch bei den Mantelpavianen das Potential zu einer zweiten Gesellschaftsform entdeckt. Einige Gruppen des Kölner Zoos haben sich in einer Art phylogenetischer Regression wieder der Anubis-Organisation genähert.

Technologie

Der Mensch ist ein Lebewesen, das seine ökologischen Nischen nicht nur bewohnt, sondern sie mit Hilfe der Technik auch umformt. Betrachtet man die bekannten Leistungen der Primaten unter diesem Aspekt, so ist man nicht sehr beeindruckt. Den Primaten fehlt es an ausgefeilten technischen Fertigkeiten; sie halten darin einen Vergleich mit zahlreichen sogenannten niederen Wirbeltieren und sogar Wirbellosen nicht aus. Hunderte von Vogelarten bauen ihr Nest sorgfältiger als der Schimpanse; dabei stellt dessen Nestbau die Spitze dessen dar, was die Primaten als Bauleistungen aufzuweisen haben. Manche Webervögel bauen Dächer über ihre Nestkolonien, Primaten benutzen bestenfalls ein Dach, wenn dieses bereits vorhanden ist.

Dieser Vergleich ist nicht ganz fair; denn der Evolutionstrend vom Vogel zum Säugetier führt zu einer Substitution des elterlichen Verhaltens durch elterliche Physiologie. Als Säugetiere ziehen die Primaten ihre Jungen zunächst im Mutterleib auf und ernähren sie dann mit ihrer Milch. Dadurch wird ein kompliziertes Nest- und Fütterverhalten überflüssig. Aber Nagetiere sind auch Säugetiere, und viele von ihnen graben Höhlen und polstern sie mit Pflanzenteilen, die sie von außen in das Nest hineinschleppen. Zahlreiche Nager sammeln und horten Nahrung. Unter den rund 200 Primatenarten jedoch gibt es keine einzige, die eine Höhle baut, und sei sie noch so einfach, oder die mit Nahrungsbissen etwas anderes anstellt, als sie auf der Stelle zu verzehren. Bei den Nagetieren und Raubtieren haben sich spezialisierte Schwimmer und Taucher herausgebildet, nicht so bei den nicht-menschlichen Primaten.

Primaten sind, oberflächlich betrachtet, so unspezialisiert und primitiv wie ihre insektenfressenden Vorfahren. Gelegentlich fangen sie ein Beutetier, das sie dann verzehren, aber ihre Jagdtechniken halten keinen Vergleich mit denen spezialisierter Fleischfresser aus. Sie sind in erster Linie Vegetarier, aber sie können weder einen strengen Winter in großer Höhe oder in nördlichen Breiten überleben, noch in trockenen Gegenden ohne Wasser auskommen, wie einige Huftiere dies tun. Obwohl die Primaten Greifhände besitzen, ist ihr Gebrauch von Werkzeug bescheiden. Schimpansen stochern zwar mit langen dünnen Halmen nach versteckten Insekten, doch dasselbe tut eine Galapagos-Finkenart auch. Von einigen Makaken wird berichtet, daß sie Muschelschalen mit Steinen zertrümmern. Ägyptische Geier öffnen auf dieselbe Weise Straußeneier, und tauchende kalifornische Seeotter bringen mit jeder Muschel einen Stein zur Wasseroberfläche, mit dem sie dann die Schale zerschlagen. Niemand hätte wohl vorausgesagt, daß ein Primat einmal eine Technologie menschlichen Ausmaßes entwickeln würde.

Wir können als gegeben annehmen, daß keiner der nichtmenschlichen Primaten mit solcher Eleganz jagt, baut oder Futter hortet wie beispielsweise Wespen; wie aber erklären wir dann die Tatsache, daß es ein Primat war, der letzten Endes alle diese Verhaltensweisen zu größter Perfektion entwickelte? Wenn niedere und höhere Affen in den Grundlagen ihres Verhaltens wirklich menschlicher sind als andere Säugetiere, warum erscheinen dann ihre Leistungen in diesen Bereichen nach den Untersuchungen in freier Wildbahn als so kümmerlich? Und welcher Selektionsdruck hätte allenfalls bei Affen die Herausbildung geistiger Fähigkeiten begünstigt, die anscheinend gar nicht benutzt werden?

Eine der Antworten auf diese Fragen lautet, daß einige der am höchsten entwickelten Fähigkeiten des Affen sich nur in kritischen Situationen manifestieren, und daß diese kritischen Situationen zu selten sind, um jemals von Wissenschaftlern in freier Wildbahn beobachtet worden zu sein. Vielleicht ist in einigen der phantastischen Geschichten, die Jäger über Pavianbegräbnisse und andere ungewöhnliche Verhaltensweisen erzählen, doch ein Körnchen Wahrheit enthalten. Beobachtung in freier Wildbahn ist in der Tat keine sehr geeignete Methode für das Studium seltener, aber wichtiger Verhaltensmuster. Man muß im Experiment ungewöhnliche Situationen schaffen, um ein an die Grenzen der Kapazität der Tiere reichendes Verhaltensrepertoire ausloten zu können. Keine Freilandbeobachtung hätte, so scheint es, jemals vermuten lassen, daß Schimpansen Metallmünzen verschiedener Farben sammeln würden, wenn sie diese später in einem Münzautomaten gegen Früchte austauschen können, oder daß sie die Taubstummen-Sprache erlernen und darin mit Menschen verkehren können. Laboratoriumsversuche haben jedoch gezeigt, daß sie tatsächlich dazu in der Lage sind. Eine Fülle experimenteller Daten ergeben, daß die Schimpansen eine ungewöhnlich große Disposition für die Benutzung von Werkzeug (Abb. 6.1), für

Abb. 6.1. Ein erwachsenes Schimpansenweibchen benutzt ein Stöckchen, um sich zu kratzen. (Delta Primate Research Center)

die Lösung technischer Probleme, für Zusammenarbeit und für die Kommunikation mit Symbolen besitzen — alles für die menschliche Technologie grundlegend wichtige Fähigkeiten.

Gegenüber den hochspezialisierten, aber starren Fertigkeiten der niederen Wirbeltiere haben die Primaten also die Fähigkeit, ganze Sätze von Aufgaben zu lernen, die weder sie selbst noch ihre Vorfahren je zuvor in dieser besonderen Form vorgefunden haben. Diese Flexibilität — und nicht eine spezialisierte, aber genetisch fixierte Fertigkeit — hat der Kultur den Weg bereitet. Somit sind niedere und höhere Affen in ihren Fähigkeiten nicht so weit vom Menschen entfernt wie die Analyse ihres tagtäglichen Lebens in freier Wildbahn vermuten läßt. Allerdings liefert der Erfolg der Primaten in den Laboratorien keine Erklärung dafür, warum sie überhaupt Fähigkeiten entwickelt haben, die in ihren Biotopen so unwichtig oder sogar unanwendbar scheinen.

Von den noch unbestätigten Antworten auf diese Frage möchte ich diejenige anführen, die mir am plausibelsten erscheint. Der britische Ethologe Michael Chance hat wiederholt die Hypothese erörtert, daß die Großhirnrinde der Primaten und die damit zusammenhängende Fähigkeit, Werkzeuge zu benutzen, sich möglicherweise zuerst im Rahmen sozialen Verhaltens und nicht im Zusammenhang mit der technischen Ausnutzung des Biotops entwickelt haben. Die Mehrheit der Primaten ist viele Monate im Jahr sexuellen Reizen ausgesetzt und sexuell motiviert, doch die meisten Gruppenangehörigen werden durch die Anwesenheit dominanter Gruppenmitglieder daran gehindert, ein entsprechendes Verhalten offen zu zeigen. Eine Handlung ist erlaubt oder nicht, je nachdem, wer zusieht und wer die Handlung unterstützt. Ein Affe muß, um erfolgreich zu sein, den Status aller anwesenden Gruppenmitglieder sowie ihre Bindungen und Feindschaften sowohl ihm gegenüber als auch untereinander kennen und integrieren. So ist ein Primat in der Lage, in seiner Beziehung zu einem Partner ein drittes Tier zu benutzen. Ein Weibchen kann ein Männchen dazu provozieren, einen ihr übergeordneten Gegner anzugreifen, indem sie den Trick anwendet, dem Männchen zu präsentieren und gleichzeitig den Gegner zu bedrohen. Rangniedere Makakenmännchen nehmen, wenn sie sich einem dominanten männlichen Tier nähern, häufig einen jungen Säugling mit, um den anderen damit zu beschwichtigen. Während freilebende Affen keine technischen Werkzeuge benutzen, um ihre Biotope intensiver zu nutzen, zeigen sie Werkzeuggebrauch in ihrem Sozialverhalten.

Nach Chance hat die „Benutzung von Werkzeugen" im sozialen Kontext vermutlich die Vorfahren des Menschen für die Entwicklung technischer Werkzeuge prädisponiert. Diese Spekulation hat einen interessanten Nebeneffekt. Wenn die Fähigkeit der Primaten, kombinierte Wirkungen vorauszusehen, tatsächlich im sozialen Kontext entwickelt und von dort in den technischen Bereich übernommen wurde, dann erfuhr sie damit gleichzeitig eine Befreiung von den alten, dem Sozialverhalten innewohnenden Zwängen, wie Aggression und Geschlechtstrieb. Das Handhaben von Stöcken und Rädern ist — anders als das Behandeln von Sozialpartnern — nicht sehr mit Emotionen beladen, und somit konnte in der Technologie der Fortschritt sehr viel schneller sein als im sozialen Verhalten. Diese Disparität gehört zu den Hauptproblemen, denen sich der moderne Mensch gegenübersieht.

Dies führt uns zurück zu den sozialen Fähigkeiten nicht-menschlicher Primaten. Geschicktes Verhalten im sozialen Bereich setzt voraus, daß der Handelnde sein emotionales Verhalten der Situation anpassen kann — was gelegentlich bedeutet, daß er es unterdrücken muß. Ohne diese Fähigkeit wäre das Vorhersagen und Kombinieren nutzlos. Es hat den Anschein, daß einige Primaten in der Lage sind, bestimmte Verhaltensweisen — selbst entgegen starker Motivation zum Handeln — zu unterdrücken. Die in einer Hamadryasherde ausgesetzten Anubispavian-Weibchen liefern ein Beispiel dafür: Sie lernten rasch, daß sie die Angriffe eines Hamadryas-Männchens verhindern konnten, wenn sie in seiner Nähe blieben; das bedeutete aber, daß sie ihre starke Fluchttendenz unterdrücken mußten. Den meisten Anubis-Weibchen gelang es, dies viele Stunden lang ohne Unterbrechung zu tun, obwohl es noch lange, nachdem sie die neue soziale Rolle gelernt hatten, vorkommen konnte, daß sie plötzlich einem unwiderstehlichen Drang folgend die Flucht ergriffen.

Die Fähigkeit, kombinierte Wirkungen vorauszusagen und das eigene Verhalten zu kontrollieren, dürfte daher zu den Prädispositionen der Primaten für menschliche Anpassungen gehören. Diese Fähigkeiten müßten allgemein anwendbar und übertragbar sein, um die Grundlage für Kultur zu bilden. Bisher haben Freilandstudien in ihrer Annäherung an diese abstrakten Aspekte des Verhaltens zu wenig differenziert. Wir wissen nicht, wie viel Kombinationsvermögen und Selbstkontrolle im Sozialverhalten der Affen enthalten ist, und wir haben bei der Untersuchung ihrer Nahrungssuche in Gruppen diesen Fähigkeiten keine besondere Aufmerksamkeit gewidmet. Dies ist vielleicht der Grund, warum wir häufig den Eindruck haben, Verhalten und soziale Organisation seien bei den Primaten nicht feiner ausgestaltet als bei vielen anderen Säugetieren. Wir haben uns möglicherweise zu viel mit einzelnen Verhaltensweisen befaßt und zu wenig mit der Organisation des Verhaltens. In Zukunft sollten die

Erforscher freilebender Primaten den in Laboratorien gewonnenen Ergebnissen von Experimenten mehr Aufmerksamkeit schenken als bisher.

Differenzierung der Geschlechter und Gruppenleben

Wenn wir uns nun den älteren Ebenen sozialer Rollen und dem Typ des Gruppenlebens zuwenden, so wird der Vergleich von Mensch und Primat leichter und die gemeinsamen Merkmale häufen sich.

Das männliche Tier ist bei den Primaten im allgemeinen aggressiver und dominanter als das weibliche. Es verläßt mit größerer Wahrscheinlichkeit die Gruppe und wandert umher. Dasselbe kann wahrscheinlich auch von der Mehrzahl der menschlichen Gesellschaften gesagt werden. Im Rahmen der Familiengruppe sucht auch bei den Menschen der Mann seine Tätigkeiten weiter vom Hause entfernt als die Frau. Ob diese Ähnlichkeiten mehr als nur oberflächlicher Art sind, bleibt zu beantworten. Allgemein gesehen scheinen die menschlichen Kulturen die Rollenteilung der Geschlechter viel weiter zu treiben, als dies bei den nicht-menschlichen Primatengesellschaften der Fall ist.

Die Differenzierung der Geschlechter ist schon beim Primatensäugling deutlich. Die Spielgruppen der Makaken und Paviane z.B. umfassen gewöhnlich mehr männliche als weibliche Jungtiere; bei den Spielgruppen der Mantelpaviane ist das Verhältnis ungefähr acht zu eins. Während die männlichen Tiere sich von der Gruppe entfernen und spielen, bleiben die weiblichen Jungen häufig bei den erwachsenen Weibchen ihrer Familiengruppe. Soziographische Untersuchungen haben außerdem ergeben, daß männliche Jungtiere in größeren Gruppen als weibliche Junge soziale Interaktionen pflegen; die weiblichen Tiere schließen sich in den meisten Fällen nur einem einzigen Partner an. Noch nicht erhärtete Daten über den Menschen, die aufgrund derselben Methoden gewonnen wurden, zeigen ein ähnliches Muster bei Kindern.

Eine aussichtsreiche Methode des Verhaltensvergleichs zwischen Mensch und Affen fragt: Welches ist das gesamte Inventar der sozialen Neigungen, die sich in der Ordnung der Primaten herausgebildet haben? Welche dieser Neigungen sind in das Erbe des Menschen eingegangen? Am interessantesten bei einem solchen Vergleich sind

Differenzierung der Geschlechter und Gruppenleben

nicht die einfachen motorischen Handlungen und Kommunikationssignale, die bei den Ethologen so beliebt sind, sondern vielmehr die höhere Ebene der Verhaltenskomplexe wie Unterwerfung und Ausschluß. Diese Komplexe bedienen sich der kommunikativen Akte, aber sie sind von deren spezieller Form praktisch unabhängig und haben ihre eigene taxonomische Verbreitung. Der „Stil" des Gruppenlebens bei den Primaten mag diese Ebene des Vergleichs verdeutlichen.

Der Stil von Primatengruppen variiert allem Anschein nach entlang eines Hauptgradienten, wobei der bei den Makaken herausgebildete Stil das eine und der bei den Schimpansen vorgefundene Stil das andere Extrem darstellen. Typische Pavian- und Makakengesellschaften sind durch intensive Dominanz gekennzeichnet. Die Individuen tendieren dazu, sich den ausschließlichen Zugang zu einem bestimmten Partner zu sichern. Auf der Ebene der Gruppe findet diese Tendenz ihre Entsprechung in einer starken Diskrimination zwischen Gruppenangehörigen und Außenseitern, wobei benachbarte Gruppen sich gegenseitig meiden oder bekämpfen. So sind diese Gruppen typischerweise geschlossen und leben getrennt voneinander. Die Mantelpaviane und Dscheladas bilden die einzigen markanten Ausnahmen von dieser Regel. Die Frage, ob Dominanz und Ausschluß ursächlich zusammenhängende Elemente desselben Syndroms darstellen, ist bis jetzt noch nicht geklärt worden. Das Territorialverhalten scheint mit keinem dieser beiden Phänomene in Zusammenhang zu stehen.

Der Gruppenstil der Schimpansen und zum großen Teil auch der Gorillas ist durch eine schwache Intensität der Dominanz charakterisiert. Ein ausschließlicher Anspruch auf einen Partner tritt bei erwachsenen Tieren nicht auf, so daß z.B. ein untergeordnetes Männchen im direkten Blickfeld eines dominanten Männchens mit einem Weibchen kopulieren kann. Die großen Menschenaffen zeigen Außenseitern gegenüber keine merkliche Diskriminierung. Sie haben eine offene Gesellschaft, und ihre Mitglieder sind sozial und räumlich mobil, statt daß sie in einer geschlossenen Clique von Zugehörigen unter leicht feindlichen Nachbarn leben. Kämpfe zwischen ganzen Gruppen sind bei Makaken, Pavianen und Languren, aber niemals bei den großen Menschenaffen beobachtet worden. (Abb. 6.2).

Abb. 6.2. Latente Drohung flackert gelegentlich zwischen Paviangruppen selbst dann auf, wenn sie sich normalerweise gegenseitig in der Nähe dulden: eine Bande von Mantelpavianen (Vordergrund) verjagt eine andere (Hintergrund, auf dem Hang) von einer künstlich eingerichteten Futterstelle

Man sollte annehmen, daß der Mensch — ein enger Verwandter der Menschenaffen — eher deren Gesellschaftsstil als dem der Paviane nahesteht. Doch der allgemeine Eindruck läßt das Gegenteil vermuten. Die latente oder offene Vorliebe des Menschen für Dominanzhierarchien, geschlossene Gruppen und Diskriminierung gegenüber Außenseitern deutet darauf hin, daß er sich zumindest in einigen Kulturen dem Gesellschaftsstil der Paviane angenähert hat. In vielerlei Hinsicht stellt die Mantelpaviangesellschaft mit ihren geschlossenen, aber koordinierten Familieneinheiten ein besseres Modell der Sozialstruktur des Menschen dar, als die der Schimpansen. Während es den Anschein hat, als befände sich der Mensch auf dem Wege zur offenen Gesellschaft, wird seine starre soziale Haltung häufig auf größere Gruppen, auf die Ebene von Berufen, Religionen, Nationen und Rassen übertragen und flackert, auf der Ebene kleiner Gruppen, immer wieder auf. Der britische Primatologe Vernon Reynolds hat auf diese phylogenetische Inkongruenz hingewiesen und schlägt eine ökologische Erklärung vor. Er weist darauf hin, daß immobile Investitionen von Arbeit — wie Getreidefelder, Vorräte, Vieh und Häuser — zugunsten der Entstehung eines Territorialverhaltens, der Herausbildung geschlossener, die Nahrung unter sich teilender Einheiten sowie der Schaffung von auf ausschließlichem Besitz beruhenden Hierarchien gewirkt haben müssen. Gleichgültig, ob der Mensch jemals ein der Schimpansengesellschaft ähnliches Stadium durchlaufen hat, so besteht kein Zweifel daran, daß Verhaltenssätze dieser Art eine ihnen eigene taxonomische Verbreitung haben. Sie sind nicht auf eng miteinander verwandte Arten beschränkt, sondern treten hier und da auf, anscheinend ohne systematische Kontinuität. Territorialverhalten, Dominanz und soziale Ausschlußreaktionen scheinen zu dem allgemeinen Potential der Wirbeltiere zu gehören. Sie scheinen durch Evolution oder Modifikation überall dort in sehr ähnlichen Formen zu entstehen, wo eine Art den dafür geeigneten ökologischen Bedingungen gegenübersteht.

Schlußbemerkungen

Der spekulative und deduktive Charakter dieses Textes mag den Leser hin und wieder enttäuscht haben, so wie er auch den Autor in manchem unbefriedigt gelassen hat. Während des Denkens und

Schreibens bin ich mir über mehrere Gründe klar geworden, die dafür verantwortlich sein dürften, daß es den Freilanduntersuchungen an Primaten bisher versagt war, schlüssige Erkenntnisse über die ökologischen Funktionen von Gesellschaften zu liefern.

Erstens gibt es zwei Arten sozialen Verhaltens. Die eine Art besteht aus den Verhaltensweisen, die die Gesellschaft ständig schaffen und neu schaffen. Dazu gehören Fortpflanzung, Aufzucht der Jungen, Kämpfen, Spielen, soziale Körperpflege und andere gesellschaftlich relevante Interaktionen. Diese Verhaltensweisen kommen vorwiegend an Raststellen vor; sie fallen auf und sind daher eingehend untersucht worden. Die zweite Kategorie zeigt die Gesellschaft in Funktion, in ihrer konzertierten Interaktion mit dem Biotop. Räumliche Anordnungen bei der sozialen Futtersuche und beim Herumstreifen, Entscheidungen über Marschrouten sowie Kommunikation über Futterplätze gehören zu dieser Klasse. Ihre Manifestationen sind subtil und unauffällig, sie bestehen aus einem kurzen Blick, aus dem Niedersetzen statt Weiterziehen eines Männchens. Diese Verhaltensweisen zu untersuchen ist schwierig, und sie sind daher vernachläßigt worden, obwohl gerade diese Klasse des Verhaltens — und nicht die lärmenden Kämpfe — darüber entscheidet, ob eine Gesellschaft vor den ökologischen Ansprüchen besteht oder nicht. Was diese Thematik betrifft, so haben die Freilandforscher allgemeinhin am falschen Ende begonnen, indem sie die interne Physiologie einer Gesellschaft untersucht haben, statt sich mit ihren ökologischen Funktionen zu befassen. Doch wir wollen nicht unfair sein — nicht alle Forscher, die sich mit den Tieren in freier Wildbahn beschäftigt haben, taten dies in der Absicht, adaptive Funktionen zu studieren.

Zweitens, so scheint es, müssen die Freilandstudien über unser Thema sich in Zukunft von den leicht zu beobachtenden motorischen Verhaltensmustern der einzelnen Tiere lösen und sich der höheren Ebene von Verhaltenskomplexen und -strategien zuwenden. Diese sind für das Überleben von größerer Relevanz als die besondere Form einer Drohgeste oder einer Grabbewegung. Wir haben gesehen, daß die Stärke der Adaption bei den Primaten nicht in den motorischen Fertigkeiten des Einzelnen liegt, sondern in der Art und Weise, in der Dinge in Gruppen getan werden. Ein ausgezeichnetes

Beispiel liefern die vielversprechenden Experimente von Menzel über die soziale Futtersuche junger Schimpansen (s. S. 24).

Drittens sind in stärkerem Ausmaß experimentelle Forschungen notwendig über den *Spielraum* von Modifikationen als Antwort auf sich ändernde Umweltbedingungen. Solche Experimente müssen sowohl in freier Wildbahn als auch in den Laboratorien durchgeführt werden. Es ist nicht genug, eine Variante der Sozialorganisation einer Art zu beschreiben, die unter „natürlichen" Bedingungen auftritt. Das Modifikationspotential einer Art sollte bis zu seinen Grenzen untersucht werden, d.h. bis zu dem Punkt, wo die von der Umgebung induzierten Veränderungen nicht länger adaptiv und homöostatisch sind sondern zum Zusammenbruch führen. Ich kann mir kaum eine dringendere Forschungsaufgabe vorstellen als die, solche Kenntnisse über den Menschen zu gewinnen. Einblicke in die Toleranzgrenzen der Primaten könnten uns bei der Definition unserer eigenen Grenzen eine Hilfe sein.

Literaturauswahl

Altmann, S. A.: Social communication among primates. Chicago: University of Chicago Press, 1967. 392 pp. Ein Sammelband mit Originalarbeiten über Feld- und Laboruntersuchungen.

Hinde, R. A.: Biologicial bases of human social behaviour. McGraw-Hill, New York 1974. Eine Analyse der Natur und Entwicklung sozialer Beziehungen und ihrer Wechselwirkung im sozialen Nexus der Gruppe aus der Feder eines führenden Ethologen.

Jay, P. C. (ed.): Primates − Studies in adaptation and variability. New York: Holt, Rinehart and Winston, 1968. 529 pp. Dieser Sammelband bezeichnet den Übergang von den beschreibenden Artmonographien der ersten Jahre zum Vergleich von Arten und Populationen unter dem Gesichtspunkt der Anpassung an den Biotop.

Jolly, A.: The evolution of primate behavior. Macmillan, New York and London, 1972. Ein breit angelegtes Lehrbuch, das in drei Abschnitten (Ökologie, Sozietät, Intelligenz) das Verhalten von Primaten im Freiland und im Laborexperiment darstellt und mit menschlichem Verhalten vergleicht.

Kawai, M.: Newly acquired precultural behavior of the natural troop of Japanese monkeys on Koshima islet. *Primates* 6:1−30 (1965). Ein detaillierter Bericht über die Entstehung einer Primaten-Tradition.

Kummer, H.: Social organization of hamadryas baboons. Chicago: University of Chicago Press, 1968. 189 pp. Diese Monographie enthält die Originaldaten zu dem in diesem Buch benutzten Material über den Mantelpavian.

van Lawick-Goodall, J.: The behaviour of free-living chimpanzees in the Gombe Stream Reserve. *Animal Behaviour Monographs* 1(3):161−311 (1968). Der besondere Wert dieses Originalberichts liegt in der Dauer der Beobachtungen. Sie ermöglicht es, die soziale Entwicklung von Individuen zu verfolgen.

Michael, R. P., Crook, J. H. (eds.): Comparative Ecology and Behaviour of Primates. Academic Press, London and New York 1973. Dieser Sammelband illustriert die neuesten Tendenzen der Primaten-Sozioökologie und enthält je eine Gruppe von Originalarbeiten über physiologische Korrelate sozialer Interaktion und über Humanethologie.

Schaller, G. B.: The mountain gorilla − ecology and behavior. Chicago: University of Chicago Press, 1963. 431 pp. Der erste breit angelegte Bericht über freilebende Gorillas. Der Autor verzichtet auf Theoriebildung, bietet aber ein reiches Tatsachenmaterial über eine Art, die lange für Feldbeobachtungen als zu gefährlich galt.

Thorpe, W. H.: Learning and instinct in animals. Methuen, London 1969.

Sachverzeichnis

Ablenkungsmanöver 48
abstürzen 82
Adaption 4, 6, 91
—, phylogenetische 4, 26, 76, 90, 92, 101, 127, 129, 138, 144, 145
adaptive Modifikation 5, 127
Adoption 80
Aggression 26, 60, 61, 70, 101, 115, 153, 154
Altersgruppen 28
Altmann, J. 64, 67
Altmann, S. 64, 67
angeboren 3
Angepaßtheit 7
Anpassung, s. Adaption
—, Grenzen der 90
—, sekundäre 52, 91, 106
Anubis-Pavian 26, 39, 50, 59, 63, 66—68, 80, 84, 93—97, 99, 100, 134—143, 146, 153
Arbeitsteilung 108
Artgrenze 134, 139, 140, 143
Aufmerksamkeit in der Gruppe 57
ausschließliche Bindung (s. auch Besitz) 99, 118
Ausschluß 112, 155, 157

Bären-Pavian 46, 83, 97
Bande 18, 23, 97
Begattung 93
Berberaffe 146
Betteln 55
Besitz (s. auch ausschließliche Bindung) 66, 99, 101, 103, 105, 106
Brüllaffe 26, 61, 62, 69

Carpenter, C. R. 62, 69
Chance. M. R. A. 57, 152
Crook, J. 55, 110, 139

Differenzierung der Geschlechter 154
Dimorphismus, sexueller 56, 99

Distanz zwischen Tieren 57, 67
Dominanz 28, 54, 55, 57, 60, 72, 74, 75, 78, 82, 93, 111, 115, 154, 155, 157
Drill 56
Dschelada 27, 38, 56, 59, 65, 68, 78, 82, 84, 86, 109—115, 117, 140—143, 146

Einmann-Gruppe 14, 17, 27, 39, 40, 47, 55, 59, 65, 66, 86, 98—100, 109—112, 115, 137, 143
Einzelgänger 26, 27, 65
Ellefson, J. O. 76
Entscheidungen 68
Entscheidungsprozeß über die Richtung des täglichen Streifzuges (s. auch Tagesroute) 17, 21, 62
ererbtes Potential 91
Erkundung 46, 53, 62
Evolution 2, 5, 92, 98

Feinde (s. auch Raubtiere) 45
Felsen 82
Felswand 10
Feuer 83
Flucht 142
Fluchtdistanz 70
Flüsse 83
Fremder 25, 27, 29
Funktion 2, 36
fusion-fission 90
fusion-fission-Gesellschaft 40, 45
Futterkonkurrenz 56
Futterteilen (s. auch Teilen der Nahrung) 19

Gelb-Pavian 59, 64, 67, 98
genetische Grundlage 100
genetische Programme 31
Genotyp 3, 4
Geschlechterverhältnis 65, 73

geschlossene Gruppe 25, 26, 42, 65, 77, 78, 155, 157
Geschwister 28, 80
Gewicht 56
Gibbon 26, 27, 70, 76, 77
Gorilla 59, 84, 99, 155
Gruppe 34, 35
—, Größe der 25, 36, 37—39, 46, 50, 73, 143
—, Zusammensetzung der 27

Hagel 84
Hall, K. R. L. 47, 57, 113
Hamadryas, s. Mantelpavian
Hemmung 8, 105—108, 111, 153
—, soziale 53
Herde 10, 23, 39, 40, 97, 98, 112
Höhlen 83
Hüten 101, 112, 137
Hütetechnik, Hüteverhalten 99, 100, 111
Husarenaffe 27, 40, 45, 47, 50, 57—59, 65, 66, 79, 80, 109, 112, 113, 115
Hybride, s. Mischling

Initialgruppe 15, 107
Inzest 28

Jagd 19, 31, 55, 66
jahreszeitliche Schwankung des Futterangebots 67
japanische Makaken 29, 80, 86, 119
Jungenpflege 79, 83

Kälte 86
Kampf 23, 54, 55, 75—78, 101, 103, 105, 106, 113, 114, 117, 141, 155
Kartoffelwaschen 121, 123
Kawai 119
Kommunikation 24, 34, 37, 46, 51, 61, 151
konservatives Verhalten 121, 131
Kooperation 31

Koordination 51
Krankheit 67
Kultur 1—3, 5, 6, 127, 147, 151, 153

Languren 26, 27, 65, 72, 75—78, 80, 115
Leittier 53, 54, 57, 59, 63
Lernen, soziales 121

Männchen außerhalb der Gruppe 73
Männchengruppe 27, 40, 56, 65, 115
Makaken 27, 65, 80, 83, 94, 154, 155
Mandrill 56
Mantelpavian 8, 10, 27, 38—40, 47, 56, 58, 59, 62, 65—69, 78, 80, 82—84, 86, 92—94, 97—101, 103, 105—109, 111—113, 115, 117, 134, 137—140, 146, 153
Meerkatze 27, 48, 50, 65, 67, 70, 75, 109, 112
Mensch 107, 108, 123, 146, 147, 150, 154, 157
Menzel, E. W. 24, 123
Mischling 137, 138, 140
mitteilen (s. auch Kommunikation) 46
Modifikation 2, 26, 76, 90, 97, 125, 138, 144, 148
—, adaptive 5, 127
Monatszyklus 93
Monogamie 27

Nachahmung 52
Nagel, U. 135, 137
Nest 84, 149

ökologische Nische 146, 147
Oestrus 93, 99, 107
Ontogenie 2, 3

Paarbindung 107, 108, 110
Paarungssysteme 28
Paviane (s. auch Anubis-, Bären-, Gelb-, Mantelpaviane) 45, 65, 80, 93, 99, 100, 154

Sachverzeichnis

Pflegemütter 80
phylogenetische Adaption 4, 26, 76, 90, 92, 101, 127, 129, 138, 144, 145
Planung 59
Polyandrie 148
Präkultur 119—121, 123
Privatleben 29

Räuber, s. Raubtier
räumliche Verteilung 34
Rang, s. Dominanz
Raubtier 10, 45—47, 64, 66—68, 79, 82, 83, 130
Regen 84, 141
Ressourcengröße 37, 55
Ressourcenverteilung 37, 51, 58
Reynolds, V. 27, 40, 62, 157
Rhesusaffe 28
Ripley, S. 77
Rolle 53, 57, 63, 80
Rollenverteilung 48
Route, s. Tagesroute

Schaller, G. B. 59
Schimpanse 8, 24, 26—28, 32, 38, 40, 58, 62, 80, 84, 90, 99, 149, 150, 155, 157
Schlaffelsen 38, 58
Schlafgewohnheiten 31
Schlafplatz 5, 98, 135, 138
Schnee 86
Schutz (s. auch Verteidigung) 56
schwimmen 83, 126
sekundäre Anpassung 52, 91, 106
sekundäre soziale Anpassung 100
Selbstkontrolle 153
sexueller Dimorphismus 56
soziale Erleichterung 52
soziale Hemmung 53
Spielgruppe 15, 28, 154
Springäffchen 27, 58, 70, 76
Steine 82, 83

Steine werfen 83
Struhsaker, T. T. 7, 65

Tagesmarsch 43, 138
Tagesroute 58—60
Tante 80
Technologie 88, 148—151, 153
Teilen der Nahrung (s. auch Futterteilen) 36, 55, 109, 125
Territorialverhalten 26, 70, 72, 76—78, 155, 157
Territorium 69
Thorpe, W. H. 128
Tradition 5, 119, 126, 127

Umorientierung 79
Unterschied im Verhalten der Geschlechter 29
Unterstand 31, 83, 84
Unterwerfung 115

Verbindung 64, 65
Verletzungen 67
Verstecken 48
Verteidigung 46, 50, 56, 57, 66—68, 79
Verteidigung gegen Raubtiere 51
Vertrautheit 25, 69, 72, 117, 121
Verwandtschaft 28, 126
Vorratshaltung 86
Vorratsverhalten 31

Wachsamkeit 53
Wasser 19, 39, 40, 84, 124
Wasserstelle 51, 58
Weizenwaschen 125
Werkzeug 32, 149, 150, 152
Wind 86
Wohngebiet 25, 73, 76

Yoshiba, K. 72

Zusammensetzung der Gruppe 65

W.F. Angermeier
Kontrolle des Verhaltens:
Das Lernen am Erfolg
51 Abbildungen. XI, 205 Seiten
1972. (Heidelberger Taschenbücher,
100. Band, Basistext Psychologie)
DM 16,80; US $6.90
ISBN 3-540-05689-0

W.F. Angermeier, M. Peters
Bedingte Reaktionen
Grundlagen — Beziehungen zur
Psychosomatik und Verhaltens-
modifikation
44 Abbildungen. XI, 204 Seiten
1973. (Heidelberger Taschenbücher,
138. Band, Basistext Psychologie —
Medizin)
DM 16,80; US $6.90
ISBN 3-540-06393-5

K.P. Hadeler
Mathematik für Biologen
52 Abbildungen. IX, 232 Seiten
1974. (Heidelberger Taschenbücher,
129. Band)
DM 16,80; US $6.90
ISBN 3-540-06236-X

Humanbiologie
Ergebnisse und Aufgaben
Herausgeber: H. Autrum, U. Wolf
33 Abbildungen. IX, 202 Seiten
1974. (Heidelberger Taschenbücher,
121. Band)
DM 16,80; US $6.90
ISBN 3-540-06150-9

W. Köhler
**Intelligenzprüfungen
an Menschenaffen**
Mit einem Anhang zur Psychologie
des Schimpansen
3. unveränderte Auflage. 7 Tafeln,
19 Skizzen, 4 Abbildungen
VII, 234 Seiten. 1973. (Heidelberger Taschenbücher, 134. Band)
DM 16,80; US $6.90
ISBN 3-540-06409-5

Medizinische Psychologie
Herausgeber: M.v. Kerekjarto
Mit Beiträgen von D. Beckmann,
K. Grossmann, W. Janke,
M.v. Kerekjarto, H.-J. Steingrüber
23 Abbildungen, 22 Tabellen
XV, 304 Seiten. 1974. (Heidel-
berger Taschenbücher, 149. Band,
Basistext Medizin)
DM 19,80; US $8.20
ISBN 3-540-06736-1

E.O. Wilson, W.H. Bossert
**Einführung
in die Populationsbiologie**
Übersetzt von K. de Sousa Ferreira
Bearbeitet von U. Jacobs
42 Abbildungen, 13 Tabellen
VIII, 168 Seiten. 1973. (Heidel-
berger Taschenbücher, 133. Band)
DM 16,80; US $6.90
ISBN 3-540-06328-5

Preisänderungen vorbehalten

**Springer-Verlag
Berlin Heidelberg New York**

P. v. Sengbusch
Einführung in die allgemeine Biologie
Hochschultext

221 Abbildungen, 64 Schemata. VI, 475 Seiten. 1974
DM 29,80; US $12.30   Preisänderung vorbehalten
ISBN 3-540-06810-4

Aus dem Inhalt: Was ist Leben? Beobachtungen, Merkmale, Konventionen. Artbegriff, Abstammungslehre. Beobachtungen, Experimente, Extrapolationen. Einige Beispiele aus der experimentellen Forschung. Mit welchen Methoden arbeitet man in der Biologie? — Organisationsebene: Zelle: Was erkennt man mit einem Mikroskop? Rekonstruktion von Abläufen. Diffusion, Permeabilität, Osmose. Aufgaben des Zellkerns und des Plasmas. Welche Organellen liegen im Zellplasma? Was sind Mitochondrien und wozu dienen sie? Photosynthese. Welche Moleküle enthält die Zelle? Lipide, Membranen. Wie ist ein Eiweißmolekül aufgebaut? Wie funktioniert ein Eiweißmolekül? Kohlenhydrate. Nukleotide, Nukleinsäuren. Was versteht man unter Vererbung? Was ist ein Gen? Pilze, Bakterien, Viren. Welche Bedeutung haben Nukleinsäuren? Mutationen; Was versteht man unter Mutationsrate? Genetischer Code. Genwirkungen, Regulation, Modelle für Differenzierung. Katalyse, Biosyntheseketten. Enzymmechanismen. Regulation der Enzymwirkung. Kooperation (Allosterie). Eiweißsynthese. Nukleinsäuren in höheren Organismen. — Organisationsebene: Vielzeller: Wie entsteht ein vielzelliger Organismus? Welche Aufgaben haben Organe? Die Anatomie der Ratte und der Maus. Wie verständigen sich Zellen untereinander? Transportsysteme im Organismus. Wie reagiert der Organismus auf äußere Reize? Bewegungen. Wie schützt sich der Organismus vor äußeren Faktoren? Das Nervensystem, Intelligenz, Gedächtnis. — Organisationsebene: Gesellschaften: Gesellschaften; einseitige, gegenseitige Abhängigkeiten; Verhalten. Lebensräume, Lebensgemeinschaften; Strategie der Anpassung. Einfluß der Menschen auf eine Lebensgemeinschaft. Populationen, Mimikry. — Evolution: Wie ist Leben entstanden? Stammesgeschichte. Stammesgeschichte des Menschen. — Namen- und Sachverzeichnis.

Springer-Verlag
Berlin · Heidelberg · New York

MIX
Papier aus verantwortungsvollen Quellen
Paper from responsible sources
FSC® C105338

If you have any concerns about our products,
you can contact us on
ProductSafety@springernature.com

In case Publisher is established outside the EU,
the EU authorized representative is:
**Springer Nature Customer Service Center GmbH
Europaplatz 3, 69115 Heidelberg, Germany**

Printed by Libri Plureos GmbH
in Hamburg, Germany